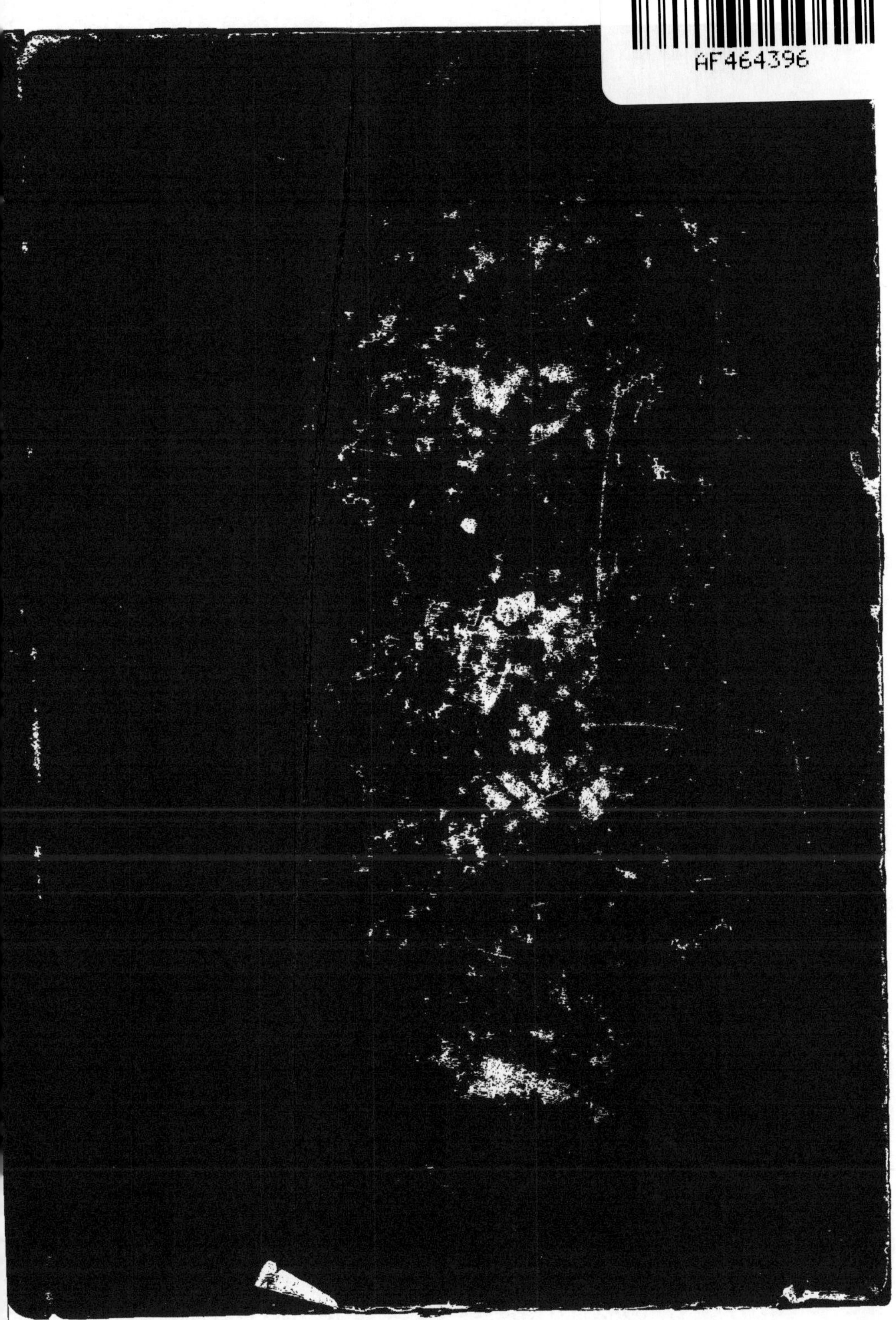

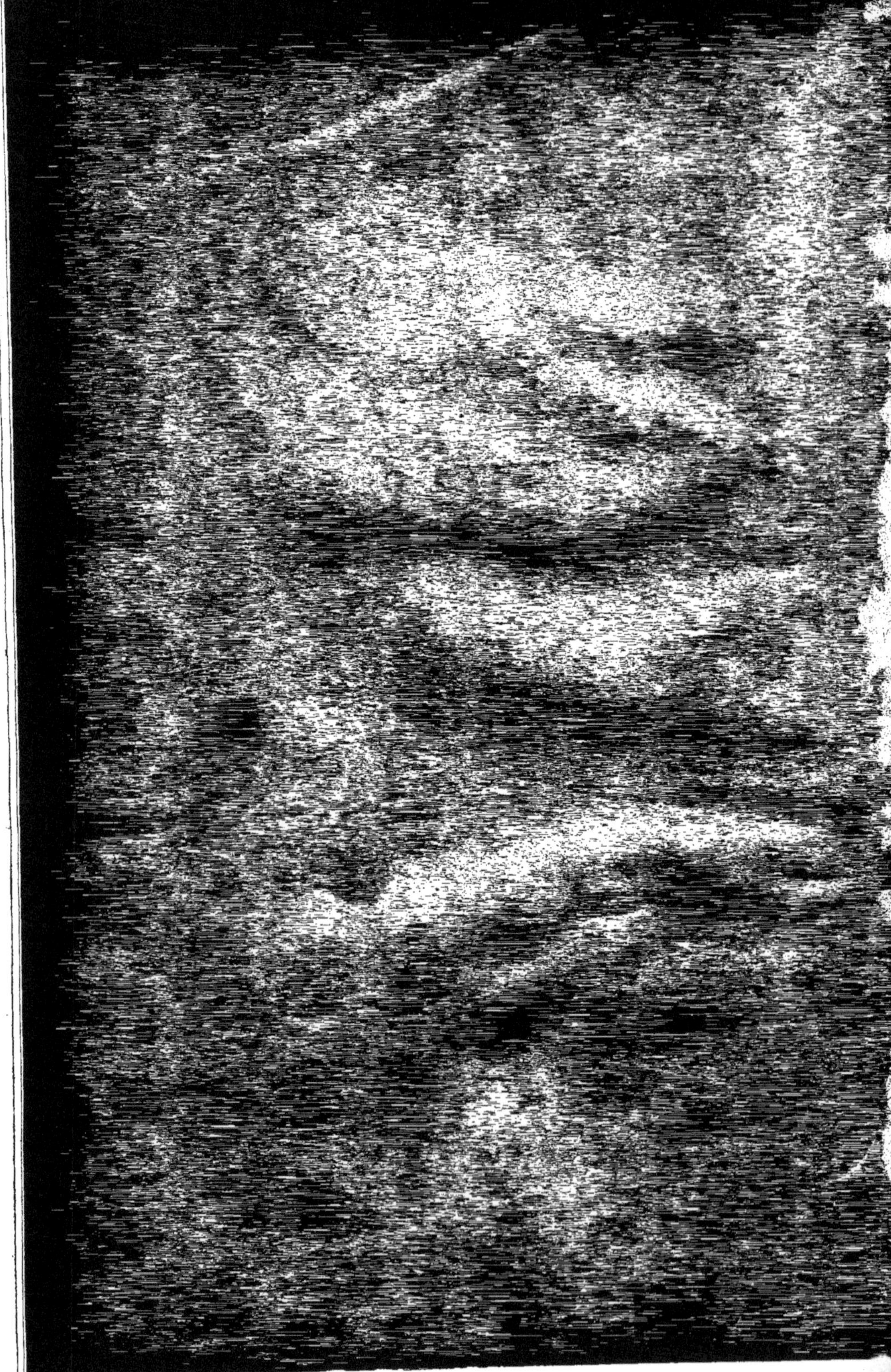

CHEZ

LES OISEAUX

TYPOGRAPHIE FIRMIN-DIDOT ET Cie. — MESNIL (EURE).

FAMILLE DE CAILLES.

E. LEROY

CHEZ LES OISEAUX

OUVRAGE ILLUSTRÉ DE NOMBREUSES GRAVURES

D'APRÈS LES DESSINS

DE RIOU, BELLECROIX, BOGAERT, MAHLER, MARTIN, BODMER, ETC.

PARIS
LIBRAIRIE DE FIRMIN-DIDOT ET Cie
IMPRIMEURS DE L'INSTITUT, RUE JACOB, 56

1893

INTRODUCTION

Nous coudoyons tous les jours des masses de gens, bipèdes eux aussi, mais vêtus de plumes, avec lesquels le hasard des rencontres nous met à chaque instant nez.... à bec.

La corporation embrasse tout un monde : travailleurs, artistes, chasseurs, pêcheurs, gens d'épée, messagers, clowns, vélocipédistes, etc., etc., que nous pouvons nous attacher à titre de serviteurs, ou même élever au rang de camarades. Mais elle renferme aussi, hélas! pas mal d'individus très mal famés : des braconniers, des maraudeurs, et autres gibiers de potence, auxquels on ne saurait serrer la patte sans se compromettre, ni gratter l'occiput sans se faire mettre à l'index.

Il y a chez eux des incompris à réhabiliter, des faux bonshommes à démasquer; des couples que nous pourrions prendre pour modèles des vertus de famille et des mères dénaturées qui abandonnent leurs enfants.

La fréquentation des porteurs de bec est donc matière à réflexion et il nous importe de bien les connaître pour ne pas avoir à regretter par la suite de les avoir admis à la légère dans notre intimité.

Pour nous mettre à même de nous comporter vis-à-vis de chacun d'eux en connaissance de cause, je viens vous proposer de jeter un coup d'œil par-dessus le mur de la vie privée des types les plus connus, de les observer, de les filer à l'occasion, de les surprendre sur le fait; et ainsi nous pourrons nous faire une opinion à peu près raisonnable au sujet de la valeur réelle de tous ces gens-là : Rapaces, Grimpeurs, Échassiers, Palmipèdes, Passereaux, Gallinacés, Colombidés, en un mot, de toutes les classes de la société.

CHEZ LES OISEAUX

RAPACES

Les Rapaces (ravisseurs) représentent, chez la gent ailée, la classe des individus qui ne vivent que de rapine, de brigandage et de carnage.

Leur code est d'une simplicité antique.

En voulez-vous la copie textuelle? La voici :

« Article unique : La force prime le droit. »

C'est laconique, mais comme c'est clair!

Ce code, ils l'appliquent dans toute sa rigueur, ni plus ni moins que s'ils étaient coiffés du casque à pointe.

D'une force musculaire à laquelle rien ne saurait résister; armés jusqu'aux dents; porteurs d'armes perfectionnées, bec et ongles d'acier bruni sortant de chez le bon faiseur et soigneusement entretenus, ils sont la terreur de la contrée qu'ils ont choisie pour résidence.

Les *Rapaces* se subdivisent en deux corporations bien distinctes : les *diurnes*, c'est-à-dire ceux qui travaillent au grand jour, et les *nocturnes*, ainsi nommés parce qu'ils choisissent le crépuscule ou les ténèbres pour vaquer à leurs affaires.

Rapaces diurnes

L'AIGLE

Le grand maître de l'ordre des rapaces est l'*Aigle*, un diurne très considérable.

Les mœurs de l'Aigle sont celles des puissants au moyen âge, marquées au coin de l'audace et des coups de force.

Aigle impérial.

Du haut du rocher abrupt où il a établi son aire, comme du haut d'un château-fort inaccessible, il observe les alentours et dresse des plans de campagne.

Quand ses approvisionnements sont épuisés, il se met à l'essor et part en expédition, quelquefois fort loin, pour le meurtre et le pillage, semant sur son passage la désolation et la mort, puis rentre chargé de butin et de la malédiction des pauvres gens : lièvres, bouquetins, tétras, isards et autres.

Sa force, sa taille et son appétit, son caractère aventureux et son audace ont fait de l'Aigle le rapace par excellence, et il a été proclamé roi des rapaces, comme le lion, avec lequel on l'a souvent comparé, est le roi des carnassiers.

Il bâtit son aire dans quelque cavité de rocher à pic, au-dessus d'un précipice; autant que possible à l'exposition du midi. Le nid est construit avec de grosses branches, d'environ deux mètres de longueur, reliées entre elles avec d'autres branches plus petites, souples et flexibles comme des harts, puis revêtu d'un tapis de bruyère. Le même nid sert plusieurs années, moyennant quelques réparations locatives. Le mâle aide aux travaux de construction et partage avec sa compagne les soins de l'éducation des jeunes.

Un nid dans ces dimensions (environ quatre mètres de surface) est un véritable appartement; mais ces proportions n'ont rien d'exagéré si l'on songe que, outre la famille, ce nid est destiné à recevoir des approvisionnements de vivres assez considérables pour satisfaire l'appétit des jeunes Aiglons pendant les absences des parents, partis en expédition quelquefois pour plusieurs jours. Ces vivres se composent souvent de proies vivantes, mutilées seulement de manière à leur ôter la possibilité de s'échapper.

Ce mode d'approvisionnement de l'Aigle est susceptible d'être mis à profit par les gens du voisinage.

Le docteur J. Franklin rapporte qu'un gentleman écossais, dont l'habitation était peu éloignée de l'aire d'une famille d'Aigles, avait recours de temps en temps aux provisions de ses voisins. Cette aire se trouvait surplomber un bloc de pierre d'environ six pieds carrés. Le gentleman et ses serviteurs trouvaient sur ce bloc, pendant le

L'aire de l'aigle.

temps que les deux Aigles avaient des petits, une provision de coqs de bruyères, de perdrix, de lièvres, de lapins, de canards, de bécasses; et, de temps à autre, des chevreaux, des faons, des agneaux. Lorsque les Aiglons étaient assez forts pour sauter sur cette pierre, les Aigles apportaient des lièvres et des lapins vivants pour dresser leurs petits à immoler leurs victimes. Mais il arrivait que, de temps en temps, ces dernières n'étant pas suffisamment affaiblies par leurs blessures, parvenaient à s'échapper de la serre des Aiglons.

Aigle royal.

Comme les Aigles avaient fait du bloc de pierre leur garde-manger, toutes les fois que des visiteurs tombaient chez lui à l'improviste, le gentleman en question avait coutume de recourir à cet en-cas. Il envoyait ses domestiques s'enquérir de ce que ses voisins de l'aire tenaient en réserve, et rarement ils revenaient sans gibier.

L'Aigle, malgré sa force, ne s'attaque jamais à l'homme, à moins qu'il ne s'agisse de la défense de son nid; mais il n'est pas rare de lui voir enlever des enfants. On raconte que, dans l'île de Syke, en Écosse, une mère qui travaillait aux champs vit son enfant emporté par un Aigle, qui traversa d'un vol toute la longueur d'un lac et déposa son fardeau sur un rocher. Des bergers, accourus aux cris de l'enfant, le recueillirent sain et sauf. Mais il n'en est pas toujours ainsi, et il est à présumer que, fort heureusement, le ravisseur n'avait pas faim ce jour-là.

La force musculaire de l'Aigle est si intense, qu'elle lui permet

Le grand maître de l'ordre.

toutes les audaces et le met à même d'enlever des proies considérables : un chevreau, un bouquetin, un jeune chamois, un isard, et quelquefois un mouton, vaillantise que Maître Corbeau perdit un jour une belle occasion de ne pas imiter.

L'Aigle a été de temps immémorial, l'emblème de la toute-puissance. Il y a chez les Aigles des têtes couronnées : l'Aigle royal ou Aigle fauve ou doré; et l'Aigle impérial, reconnaissable à la tache blanche qu'il porte sur chaque épaule.

Dans l'antiquité, c'est l'Aigle qui avait été constitué par Jupiter gardien de la foudre.

Sous l'ancienne Rome, c'est l'Aigle qui conduisait les légions à la victoire, et, plus récemment, sous les deux empires, l'Aigle surmontait les étendards de nos armées. Actuellement, son image est répétée à satiété, et même avec deux têtes, sur le sceau, sur les médailles et sur les monnaies de puissantes monarchies : la Russie, l'Autriche, l'Allemagne.

LA HARPIE

La Harpie vient après l'Aigle dans la hiérarchie des Rapaces. La Harpie est un bandit de l'Amérique du Sud, à physionomie sinistre, redoutable, et redouté même de l'homme, avec lequel il ne craint pas de se mesurer.

Rien ne saurait donner une idée plus saisissante de la férocité de ce Rapace, que l'anecdote suivante, empruntée à d'Orbigny.

« Dans une reconnaissance sur le *Rio Securi,* notre pirogue était conduite par trois sauvages Yuracarès, lorsque nous aperçumes une harpie perchée sur les branches basses d'un arbre. Nous voulions débarquer pour la tirer, mais le terrain était fangeux. Nos Indiens sautèrent à terre et la blessèrent de leurs flèches; elle s'envola, quoique percée d'une flèche, et alla se poser à peu de distance. Les Indiens la tirèrent encore, elle tomba enfin; ils l'étourdirent en lui donnant des coups sur la tête et se partagèrent sur le lieu même toutes les plumes des ailes, de la queue et de la tête. Ils commencèrent même à la dépouiller de son duvet, dont ils se servent pour mettre sur les coupures et écorchures, comme nous des toiles d'araignée. Ils la rapportèrent ainsi toute mutilée et la jetèrent comme morte dans la pirogue, en face de nous.

« Nous ne remarquâmes pas que, revenu de son étourdissement, l'oiseau revivait peu à peu, et nous ne nous en aperçûmes que lorsque, furieux et voulant se venger, il s'élança violemment sur nous. Ne pouvant heureusement se servir que d'une seule de ses serres, il nous traversa cependant le bras *de part en part*, entre le radius et le cubitus, avec les formidables doigts de sa patte intacte, tandis que de l'autre il nous déchirait le reste du bras.

« En même temps, il faisait des efforts, heureusement inutiles, pour nous atteindre de son bec, et, malgré ses blessures, il fallut deux hommes pour lui faire lâcher prise. »

La Harpie est très méfiante, et difficile à surprendre. Toutefois, il n'est pas impossible de l'approcher à portée de fusil, ainsi qu'il résulte du récit humoristique de M. Decinthel, tiré d'un numéro de *la Chasse illustrée*, et que je demande à l'auteur la permission de rapporter ici textuellement :

« C'était l'heure de la chaleur torride. Tout reposait dans la nature; seul, le clapotis de l'eau, le long des bords du canot, troublait le silence général; il faut ajouter à ce bruit, cependant, le bourdonnement aigu des myriades de moustiques qui nous criblaient de piqûres.

« Le canot qui nous portait dans notre excursion sur le bas Amazone était recouvert dans sa plus grande longueur, par une sorte de cabane en roseaux, dont les enlacements étaient assez serrés pour qu'un homme pût passer sans inconvénient au-dessus de l'espèce de toit arrondi qu'ils formaient.

« Notre esquif était amarré près du rivage.

« Manuel sommeillait à l'avant, Arnaud et moi faisions force fumée avec nos cigarettes pour chasser les moustiques. La conversation languissait.

« Un cri perçant vint troubler tout à coup ce silence. En un clin

La Harpie.

d'œil, Arnaud, enjambant Manuel, fut à l'avant, la carabine au poing. Une détonation retentit, et une grosse masse tomba lourdement dans l'eau.

« — Un Aigle blanc! cria Arnaud, en ramassant sa victime, que le courant avait amenée contre le bord.

« — Non, pas un Aigle blanc, mais une fort belle Harpie, lui répondis-je.

« — Harpie? jusqu'ici j'avais cru que c'était un qualificatif de concierge, répliqua Arnaud qui, en sa qualité de Parisien, avait une haine invétérée pour *mame* Pipelet, comme il disait en son langage des buttes Montmartre.

« — Allons donc, mauvaise langue, vous savez fort bien que les Harpies existaient bien avant vos concierges, et que les poètes de l'antiquité les représentaient avec une tête de femme, un corps de vautour et des ongles crochus; qu'elles avaient le toupet d'enlever les plats des tables les mieux servies et de s'enfuir en laissant... quelque chose qui ne sentait pas la rose.

« — Tiens! fit Arnaud, en prenant un air naïf, je n'ai pas vérifié.

« — Vérifié quoi?

« — Dame! comme tous les oiseaux qui ont une frayeur subite (vous n'avez pas remarqué cela, vous, naturaliste), quand la Harpie m'a aperçu, elle a... laissé tomber quelque chose, mais je n'ai pas pensé à y regarder de trop près, et puis l'eau purifie tout, à défaut de feu.

« Sur cette repartie quelque peu fantaisiste, nous nous mîmes à considérer l'oiseau de proie. Il était de belle taille et ne mesurait pas moins d'un mètre de longueur. Quant à son envergure, nous ne pûmes la mesurer exactement faute de pouvoir déployer les ailes dans notre étroite embarcation. Nous l'aurions pu en l'étendant dans le sens de la longueur, mais je craignais trop les innombrables parasites qui couvraient cet oiseau pour l'introduire dans la cabane.

« La Harpie est bien nommée et elle a réellement un air féroce, surtout quand elle redresse l'espèce de large huppe qui couronne sa tête. C'est le plus fort aquilidé de l'Amérique du Sud et le plus féroce aussi. Répandu entre le Pacifique et l'Atlantique, du nord du

Mexique au sud du Brésil, il n'est très commun nulle part. Les singes hurleurs, les paresseux, les chevreuils et les cabiais ont tout à redouter de son voisinage.

« S'il n'a pas le *toupet* des Harpies de la Fable, il est assez hardi pour venir enlever les poules jusque sous le nez des Indiens, leurs propriétaires.

« Cela seul justifierait la guerre que ceux-ci leur font, mais ils n'ont pas seulement un but de vengeance : les Indiens sont très amateurs des plumes de Harpie dont ils se font des ornements recherchés... parmi eux.

« Arnaud a envoyé la dépouille de la Harpie à sa dernière concierge, et le mauvais plaisant a annoncé son envoi par ces quelques lignes :

« Vous la ferez empailler. C'est une Harpie. Quand vous voudrez sortir, vous placerez sa tête juste devant le vasistas, ça fera le même effet aux locataires. »

« Pourvu, conclut M. Decinthel, que le malheureux ne retombe jamais sous la griffe de la destinataire ! »

LE VAUTOUR ET LE CONDOR

De taille plus forte que l'Aigle et que la Harpie, mais inférieurs en intelligence et en courage, sont le Vautour et le Condor, lesquels ne s'attaquent qu'à des proies mortes et même se réunissent en troupes pour le carnage.

Vautours et Condors semblent avoir pour spécialité le service de la salubrité dans les contrées inhabitées, où leur voracité se charge du soin de faire disparaître les cadavres en putréfaction. Ce sont les préservateurs de la peste; ce sont les croque-morts du désert. A ce titre, ils remplissent une fonction utile, une mission providentielle. Mais quels types patibulaires !

LE SERPENTAIRE

Un rapace tout à fait recommandable, originaire de l'Afrique méridionale, celui-ci, c'est le Serpentaire, qui doit son nom à l'habitude qu'il a de se nourrir de reptiles, et principalement de serpents. On utilise, aux Antilles, ses aptitudes spéciales pour combattre la trop grande multiplication du serpent trigonocéphale, un reptile des plus dangereux.

Le Serpentaire s'apprivoise volontiers, et vous le rencontrerez au Jardin d'acclimatation, familier et avenant. Les plumes qu'il porte derrière l'occiput, comme un commis aux écritures, lui ont valu aussi le nom de *Secrétaire*.

L'ordre des rapaces possède, en Europe, quantités de représentants de taille inférieure aux précédents; Buses, Éperviers, Milans, Autours, Faucons, Crécerelles, etc., etc., tous adonnés au braconnage, tous ennemis de nos gibiers. Quelques-uns même, comme le Balbuzard, font une concurrence sérieuse à la loutre, et prélèvent une dîme sur les poissons de nos étangs.

Il est juste de reconnaître, néanmoins, que quelques-uns de ces braconniers sont fondés à plaider les circonstances atténuantes et rendent couramment de petits services à l'agriculture comme destructeurs de reptiles, de taupes, mulots, rats, loirs, souris des champs, etc., etc. Tel est le Faucon à queue fourchue.

D'autres, les Bondrées, font la guerre aux guêpes et aux frêlons, cette plaie de nos raisins et de nos fruits d'automne. Mais leur visite serait fatale aux ruchers.

Certains d'entre eux : l'Autour, le Faucon, ont pu être disciplinés, instruits, rendus dociles au commandement et dressés pour la chasse comme le meilleur chien, et sont une nouvelle preuve qu'il n'est pas de meilleur auxiliaire de nos plaisirs cynégétiques qu'un braconnier converti.

Nos ancêtres en quête de gibier en avaient fait leurs meilleurs

Les croque-morts du désert.

collaborateurs; et actuellement, quelques fervents de saint Hubert ont entrepris de ressusciter la chasse à l'Autour et au Faucon, qu'ils considerent comme un sport tout à fait *select* pour les vrais amateurs de la vénerie.

A l'appui de ce que j'avance, je vais demander à l'un de nos auteurs les plus compétents ès-choses de la

Serpentaire.

chasse, la permission de le citer, et j'extrais ce qui suit d'un article bibliographique de M. De la Rue, paru dans *la Chasse illustrée* sous ce titre : *La fauconnerie moderne.*

« Dans le courant de l'année qui vient de s'écouler, j'ai vu naître trois traités sur la fauconnerie, et deux spécialement consacrés à l'autourserie. Qu'on ne vienne donc plus nous dire ces rengaines aga-

çantes : « La fauconnerie qui avait sa raison d'être au moyen âge, au temps de la chevalerie, ne renaîtra plus en France, elle a été tuée par le fusil Lefaucheux; et puis comment se procurer des oiseaux; où trouver des fauconniers, etc., etc.

« C'est par des faits que nous allons répondre à ces objections qui ne reposent absolument sur rien de sérieux, comme on va le voir.

« Parce que la fauconnerie était en honneur au moyen âge, par quelle raison ne le serait-elle pas de nos jours, comme la chasse à courre qui a résisté à toutes les révolutions et qui, cependant, est contemporaine de la chasse avec les oiseaux?

« La difficulté qu'on éprouve à se procurer des Faucons pèlerins et autres oiseaux de haut vol est fondée jusqu'à un certain point, je le reconnais. Mais rien de semblable n'existant pour les Autours qu'on trouve à peu près partout, nous n'avons donc tout modestement qu'à nous en tenir à la chasse avec l'Autour, qui du reste est ravissante, et à renoncer aux Faucons dont l'emploi est rendu pour ainsi dire impossible à cause de la division de la propriété.

« En ce qui concerne les fauconniers qui seraient introuvables, MM. Foye et Belvallette se sont chargés de résoudre le problème en publiant deux excellents guides qu'il suffit maintenant de mettre entre les mains du premier garçon de village intelligent et sachant lire, pour qu'après quelques leçons de son maître, il apprenne vite à porter sur le poing et à manier convenablement un autour.

« On reproche encore à la fauconnerie d'être dispendieuse, et c'est pour cela, dit-on, qu'elle n'a pu se maintenir dans les habitudes de la so-

Chasse au Faucon.

ciété française des temps modernes. Assurément, si l'on voulait entretenir une volerie comme un *Vali* du Kurdistan, ou seulement comme celle de Louis XIII, la question d'argent pourrait être prise en considération. Mais j'affirme qu'en se bornant à quelques Autours, — raisonnablement, nous ne pouvons faire plus; — j'affirme que ces oiseaux seront beaucoup moins dispendieux que les furets, les bassets et les chiens d'arrêt que nous nourrissons sans nous préoccuper de ce qu'ils nous coûtent.

« Il est vrai que depuis 1793, époque à laquelle la fauconnerie royale fut dispersée comme tant d'autres choses, elle n'a fait qu'une courte réapparition avec un caractère officiel. Comment en eût-il été autrement avec un souverain et un gouvernement uniquement occupés à faire la guerre? On songeait alors si peu aux plaisirs, on en avait si peu le temps, que l'arrivée à la cour de France de quelques oiseaux et de deux fauconniers, envoyés par le roi Louis de Hollande à son frère, fut à peine remarquée. Napoléon envoya les fauconniers et les oiseaux à Versailles et ne les fit voler, en sa présence, que trois fois seulement. Un jour, ce souverain chassant à tir dans les environs, les fauconniers exerçaient leurs élèves non loin de là; un de leurs Faucons, volant amont, passa près de l'empereur, très peu expert dans la science de la fauconnerie. Il le prit pour un oiseau sauvage et l'abattit en s'écriant : « Ah! le beau coup de fusil! »

« Certes, on ne pouvait pas débuter plus malheureusement. Mais il était écrit que la fauconnerie verrait renaître ses beaux jours en France, le pays classique par excellence de tout ce qui est noble et grand. Il est d'ailleurs certain que ce sport n'a jamais disparu entièrement des distractions aristocratiques des autres nations de l'Europe.

« Malgré le malheureux début de Versailles, il était écrit également que la fauconnerie ne mourrait pas.

« Plus tard, en 1865, un sportsman des plus érudits et des plus convaincus, doué de cette persévérance merveilleuse qui fait qu'on arrive toujours, M. Pierre Pichot enfin, qui avait beaucoup vu, beaucoup observé en Angleterre où il existe plusieurs hawking-clubs, entreprit de former en France une société de fauconnerie. A cet effet, il s'adressa au prince de la Moskowa, à Jadin, au comte Lecouteulx, qui l'encouragèrent en lui promettant leur appui. A ce moment, on avait la possibilité séduisante de s'assurer des services d'un fauconnier hors ligne et d'un équipage de faucons tout dressés. Cet homme était John Barr, nom classique dans tous les traités de fauconnerie anglaise, depuis huit ans fauconnier en chef de l'ancien roi du Punjab, établi en Angleterre avec tout son luxe oriental et notamment avec le plus bel équipage de fauconnerie moderne. La société rêvée par M. Pichot n'ayant pu s'organiser, un gentleman d'initiative et des plus entreprenants, le comte Georges de Grandmaison, prit le fauconnier et ses oiseaux à lui tout seul et les emmena sur ses terres en Sologne.

« Voici le compte rendu de l'un des vols faits par M. de Grandmaison, le 1er mai 1865. Parti pour Vernon dès l'aube, l'équipage était à midi sur le terrain de chasse. En route, les deux frères *Barbe-Bleue* avaient pris une pie après une jolie défense d'un quart d'heure. A peine arrivés sur le terrain, un corbeau fut lié par *Lina* et *Princesse;* un autre fut lié en l'air par l'*Impératrice*. Dix mille corbeaux planaient au-dessus du vainqueur, aucun n'osa l'approcher. Un troisième corbeau fut manqué, le quatrième fut pris par cette même *Impératrice* et relâché tout plumé. Un courlis fut ensuite pris par *Général;* un second par *Prince;* un troisième par *Big Falcon.*

« Étaient présents à ce vol d'essai adorablement réussi : MM. les comtes Lecouteulx de Canteleu, de Nadailhac, de Vatimesnil, vicomte d'Orglande, Adrien de Montebello, Auguste Delchet et Pierre Pichot, triomphant et plus heureux qu'un roi, assurément.

« Un tel succès me dispense maintenant de plaider une cause à tout jamais gagnée.

« Un an après, l'équipage Grandmaison, John Barr et les oiseaux, furent installés à Reims. Grâce aux efforts et aux démarches sans nombre de M. Pichot, une société de fauconnerie fut enfin constituée sous le nom de *Fauconnerie champenoise*, ayant pour président M. Alf. Werlé, maire de Reims; l'empereur lui offrit l'hospitalité au camp de Châlons.

« En octobre 1866, la fauconnerie rémoise fournissait aux travaux et aux études militaires du camp de Châlons leurs intermèdes d'élégance et de plaisir. Un certain nombre de chasses, ayant toutes pour objectif le vol de la pie, ont été organisées par le maître d'équipage, pendant le courant du mois de juillet. Toutes ont été charmantes et bien réussies; les deux dernières surtout ont laissé d'agréables souvenirs dans l'esprit de ceux qui y ont pris part. »

La fauconnerie, qui tend à reprendre chez nous une partie de son antique faveur, n'a pas cessé d'être en honneur dans notre Algérie; la chasse au Faucon se pratique couramment chez l'Arabe de grande tente. Il en est de même en Asie, notamment dans la Perse et dans l'Inde.

Rapaces nocturnes

Prenons pour type si vous le voulez, le plus connu d'entre eux.

LE CHAT-HUANT

Il existe de par le monde pas mal de gens incompris, lesquels, par cela seul qu'ils sont disgraciés de la nature, ont, de tout temps, encouru l'animadversion générale. Chacun en les voyant passer, se détourne et dit : « Sale bête! » et les voilà jaugés.

Ainsi du crapaud, par exemple.

Ce qu'il a fallu à cette bestiole dépenser de patience, endurer d'humiliations, prodiguer de services obscurs, avant de se voir rendre justice, ne se calcule pas par années, mais par siècles.

Enfin, le maraîcher vint!... et, avec le maraîcher, la réhabilitation du crapaud.

De nos jours, le crapaud s'est fait une position sociale. Élevé au rang d'auxiliaire du roi de la création, le crapaud est recherché partout. Il est parlé de lui dans les feuilles publiques : son nom figure couramment aux annonces des journaux d'acclimatation, d'aviculture, d'horticulture. A l'heure qu'il est, le crapaud est une valeur, le crapaud a un cours. On l'offre, on le demande, les maraîchers se l'arrachent... à raison de vingt centimes la pièce!

Un sac de crapauds est une richesse; un tonneau de crapauds, presque une fortune.

Jusques à quand commettrons-nous la faute de juger les gens sur la mine?

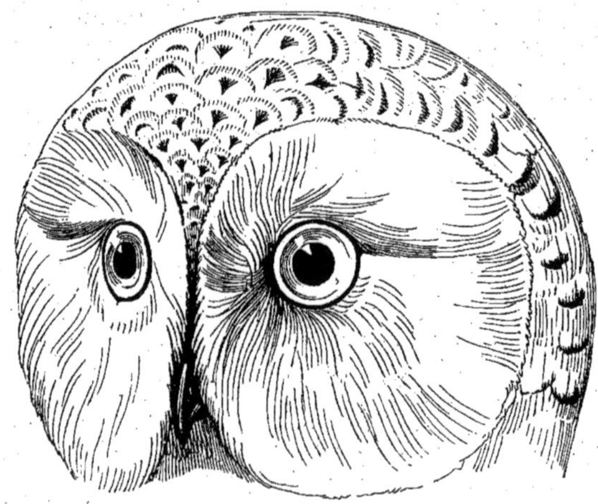

Sous le titre qui précède, j'ai entrepris de mettre à sa vraie place un protecteur de nos récoltes, une victime de l'ignorance et des préjugés; un travailleur utile, un persécuté; un serviteur gratuit, un grand martyr.

Définissons-le d'abord :

Une tête de chat sur un corps d'oiseau.

Cette particularité lui donne tout de suite un aspect étrange, amphibie, à contresens, invraisemblable, suspect... tranchons le mot, antipathique.

Premier grief.

En second lieu, la science lui a joué le mauvais tour de le ranger dans une des classes les plus mal famées, la classe des Rapaces, composée d'individus à mine patibulaire : Éperviers, Milans et autres Faucons, tous porteurs d'armes prohibées, ongles crochus, becs acé-

«.... Qui ont mérité la corde.»

rés; tous bandits redoutés du pauvre monde, lièvres, faisans, perdreaux et autres bonnes gens sans défense, tous chenapans qu'il ne fait pas bon rencontrer au coin d'un blé.

Lui un rapace! — Jamais de la vie, le timide! C'est-à-dire que les rapaces sont au contraire ses pires ennemis; et non seulement les rapaces, mais le Corbeau, la Pie, le Geai, et jusqu'aux plus infimes Passereaux, tout le monde est son ennemi. C'est à ce point qu'il n'est pas de meilleur piège pour les attirer tous, grands et petits, sous le fusil du chasseur, qu'un affût amorcé avec un *Chat-huant* retenu prisonnier.

Haï, persécuté, traqué, mourant de peur, il en est réduit à se cacher tout le jour dans les endroits inhabités : troncs d'arbres creux, trous de rochers, vieilles masures; il ne trouve pas de réduit assez obscur pour se soustraire à tous les regards.

Il ne se hasarde à sortir qu'aux heures où tout le monde est couché. Il commence à se risquer dehors, le soir, entre chien et loup, comme un pauvre diable qui a des créanciers, voltigeant sans bruit, de crainte d'éveiller quelqu'un.

La nuit est pour lui la sécurité, en même temps que le moment des affaires sérieuses. C'est l'heure où il se livre à son travail mystérieux, rasant les chaumes, la crête des murs des jardins, tournant autour des meules et faisant la chasse, une chasse sans merci, aux ennemis de nos récoltes : loirs, rats, taupes, souris, campagnols, mulots, musaraignes, en un mot à tous les petits rongeurs et fouisseurs, qui sortent principalement la nuit, toutes sales bêtes qui ont mérité la corde.

Doué d'un odorat très subtil, d'une ouïe très fine, d'une vue habituée à percer les ténèbres, d'un vol silencieux propice aux surprises, ce qu'il détruit de ces vermines est incalculable. D'ailleurs douze heures de jeûne et de méditation au fond d'un trou lui ont ouvert l'appétit.

Le villageois peut dormir en paix, un bec ami expurge la plaine et veille à ses plus chers intérêts.

Cette assertion vaut d'être justifiée. En voulez-vous un certificat authentique? — L'oiseau nocturne va se charger de vous le délivrer lui-même.

Si vous avez jamais exploré de vieux greniers lui servant de re-

Le héros de la chasse à la hutte.

fuge, vous n'êtes pas sans y avoir remarqué, en quantité, au bas de la poutre qu'il a adoptée comme perchoir, des résidus gommés, couleurs de suie, de la forme et de la dimension du cocon de la chenille du grand paon de nuit. Prenez la peine d'ouvrir ces résidus, et vous les trouverez composés d'un amas compact de débris d'os et de poils de petits rongeurs, serrés comme du feutre dans leur enveloppe gommée. Ces résidus sont la partie non assimilable de ses captures, qu'il rejette par le bec.

Cette découverte sera pour vous toute une révélation, et lorsque, dans vos promenades champêtres, vous apercevrez, cloué sur la porte d'une grange, le cadavre d'un infortuné Chat-huant, vous ne pourrez vous retenir de penser que le villageois auteur du méfait a commis, je n'ose pas dire le crime, mais la faute imbécile de crucifier son plus utile auxiliaire.

Pour prix de ses services, — il en a acquis la certitude par ce qu'il a vu de ses yeux — l'oiseau utile sait que l'ingratitude de son obligé le poursuivra jusqu'à la mort, jusque par delà la mort, puisque son cadavre est destiné, un jour ou l'autre, à sécher au soleil, attaché au pilori d'infamie.

Cette perspective arrache à ce désespéré un cri déchirant, qui perce la nuit comme un sanglot, cri bien connu qui a le don d'effrayer les peureux et que les superstitieux considèrent comme un présage de malheur.

Le Chat-huant a eu des fortunes diverses. Son histoire pourrait s'intituler : « Grandeur et décadence. »

Il obtint dans l'antiquité l'insigne honneur d'être distingué par Minerve, qui en fit son oiseau favori, et je ne serais pas surpris que les Égyptiens, adorateurs de tout ce qui est utile, lui eussent réservé une bonne place dans leur Olympe.

Au moyen âge, il y eut du fagot dans son affaire. On prétend qu'il figura dans les sabbats. Nécromanciens et sorcières eurent recours à sa collaboration. Impressionnés par son impassibilité de sphinx, par son grand œil clair, d'une fixité troublante, par ce regard intérieur qui semble lire par delà le monde réel, nos aïeux lui accordaient le don de prédire l'avenir. Ce commerce avec les sciences occultes le rendit suspect de relations avec l'esprit des ténèbres, et il dut lui arriver plus d'une fois d'être brûlé vif en place de Grève, comme sorcier.

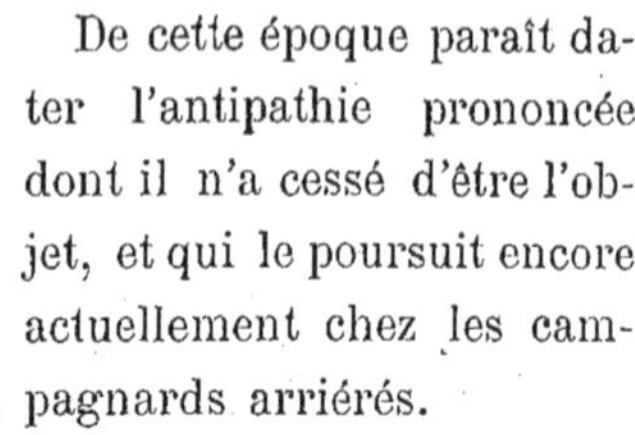

De cette époque paraît dater l'antipathie prononcée dont il n'a cessé d'être l'objet, et qui le poursuit encore actuellement chez les campagnards arriérés.

Mais patience! Des jours meilleurs vont luire pour le pauvre paria. Des gens avisés en sont venus à se demander si, — au lieu d'aller chercher á grands frais en Asie, pour protéger nos greniers, un quadrupède félin que nous n'avons jamais pu discipliner, — il n'eût pas été beaucoup plus pratique de recourir, sans sortir de chez nous, au bon vouloir de l'oiseau de Minerve, lequel, tout en faisant la besogne de dix chats, ne dime, lui, ni le lard, ni le fromage, ni les jeunes poulets, ni les lapins nouveau-nés, et qui n'a pas l'inconvénient d'infliger à nos habitations et à nos réserves de grains la contamination de ses malpropretés.

Malheureusement, cette idée était trop simple. Aussi n'avait-elle aucune chance d'être adoptée de prime-abord.

Actuellement, le jour n'est pas éloigné où l'oiseau chat, apprécié à sa valeur, va obtenir chez nous droit de cité et se voir accorder dans nos demeures ses grandes entrées.

Dans un magasin établi à Reims, porte de Mars, où je faisais mes approvisionnements de grains, j'ai connu un jeune Chat-huant apprivoisé. Il s'appelait *Martin*. On l'avait payé vingt francs, ce qui est dire le cas qu'on en faisait. Le garçon du magasin était pour

Grand Duc de Virginie.

lui rempli d'égards. On lui avait ouvert un petit compte dans une boucherie de cheval, et tous les jours *Martin* recevait, dans l'après-midi, une ration de viande fraîche que son ami le garçon avait l'attention de couper en menus morceaux et qu'il lui servait sur une planchette.

On avait établi pour *Martin*, dans un recoin obscur et en hauteur, un perchoir commode, d'où il pouvait observer sans peine et embrasser d'un coup d'œil les approvisionnements confiés à sa surveillance.

Le garçon était fier de son pensionnaire, et lorsque les clients se présentaient, il appelait *Martin* pour le leur faire admirer. A son appel, l'oiseau accourait, d'un vol si léger qu'on ne pouvait l'entendre, et venait se percher sur la planchette aux vivres ou même sur l'épaule de son maître. Il prenait plaisir à se laisser caresser, tendait la tête pour qu'on lui grattât l'occiput, vous becquetait le bout des doigts, puis lissait ses plumes; après quoi, du même vol silencieux, il retournait à son perchoir et à ses fonctions.

La police des sacs de grains déposés dans le magasin et la chasse aux souris l'absorbaient à ce point que, malgré les portes d'entrée laissées grandes ouvertes pour l'aération du local, *Martin* ne tenta jamais de s'échapper. Il n'eût pas quitté pour un empire le magasin où il avait ses affûts.

Autre symptôme favorable, le Jardin d'acclimatation vient d'ouvrir ses volières à l'oiseau-chat, et nous avons pu y remarquer plusieurs de ses congénères, car il est d'une nombreuse famille. Il a pour parents; la Chouette, l'Effraye, la Hulotte; quelques-uns très haut placés : les Ducs, reconnaissables à deux bouquets de plumes figurant une paire d'oreilles et qui comprennent toute une hiérarchie nobiliaire : le petit Duc, le moyen Duc et le grand Duc. Vous n'êtes pas sans en avoir remarqué quelques-uns dans les cages du Jardin zoologique du bois de Boulogne, notamment le Harfang, ce grand Chat-huant des pays glacés, dont le plumage est blanc, comme la neige des contrées qui l'ont vu naître.....

A ces signes du temps nous pouvons reconnaître que les mauvais jours sont passés pour l'oiseau nocturne, et que, rendant justice à son réel mérite, nous ne tarderons pas à lui ouvrir, à deux battants, les portes de nos granges, de nos greniers et de nos magasins, où nous lui élèverons...

— Quoi? Des autels, peut-être?

— Mieux que cela, des perchoirs!

GRIMPEURS

On donne le nom générique de *Grimpeurs* à toute une classe d'artistes, nomades pour la plupart, qui se sont fait une réputation comme acrobates, gymnastes, équilibristes, jongleurs, et quelques-uns comme clowns très forts par-dessus le marché.

L'ordre comporte un assez grand nombre de types. Il faudrait des volumes, et pas mal de temps à dépenser, pour les passer en revue d'une manière complète. Aussi vous demanderai-je la permission de ne vous en présenter que quelques-uns des plus remarquables.

D'abord les *Pics*.

LE PIVERT

Le plus connu, chez nous, de cette famille, est le Pic vert, ou *Pivert*.

Inutile de vous le décrire : tous les chasseurs, tous les fervents de la vie à la campagne l'ont rencontré maintes fois. Seulement, ce que tout le monde n'a peut-être pas remarqué, c'est la double paire de crampons, opposée l'une à l'autre, dont ses pieds sont armés. Cette partie de son équipement de grimpeur, complété par le jeu de sa queue courte, raide et flexible, qui lui sert à s'arc-bouter, le met à même de se mouvoir avec la plus grande aisance, par petits sauts brusques et saccadés, le long des surfaces perpendiculaires des troncs d'arbres. A voir son genre de travail, on comprend de reste que s'il lui prenait fantaisie de grimper au mât de cocagne, ce serait pour lui jeu d'enfant de décrocher la timbale. A l'occasion il se surpasse,

Kakatoès huppé.

et alors il accomplit des prodiges. Il n'est pas rare de le voir, par un véritable tour de force dont le spectacle donne le vertige, circuler sur la partie inférieure des hautes branches horizontales, suspendu au-dessus du vide, dans une position effrayante à regarder.

J'opine à croire que nos bûcherons élagueurs ont dû prendre auprès du Pic leurs premières leçons sur l'usage des crampons; mais ils ne lui vont pas à la cheville et jamais, comme agilité de locomotion sur la perpendiculaire, comme exercice d'une gymnastique qui se rit des lois de l'équilibre, ils n'atteindront à la centième partie de la maestria de leur professeur.

Le Pivert est d'un naturel très gai, provenant sans doute de ce qu'il gagne facilement sa vie. C'est un équilibriste doublé d'un clown des plus divertissants. Sa manière de prendre ses repas est curieuse au possible, aussi intéressante pour le moins que la lecture d'un sonnet sans défaut.

Voulez-vous que nous le prenions sur le fait? — Regardez.

Comme apéritif, il commence par s'offrir une consommation de fourmis. Vous vous demandez tout d'abord, avec une pointe d'inquiétude, comment il va s'y prendre pour capturer les insectes rageurs, armés du redoutable acide formique et toujours prêts à vitrioler.

Pour lui, la chose ne souffre aucune difficulté.

D'un coup d'aile, il s'est transporté au sommet d'une fourmilière. Arrivé là, il donne, en guise d'avertissement et pour annoncer sa présence, quelques coups de bec sur l'édifice de la république. Oh, alors il n'attendra pas longtemps : tout aussitôt les habitants accourent en hâte, pince en avant, furieux et empressés à châtier l'intrus qui n'a pas craint de violer leur demeure.

Vous tremblez pour l'imprudent. Pour sûr il va se faire dévorer. Point. Il les laisse arriver; puis, avec une désinvolture charmante, il leur tire la langue, dans toute sa longueur. Comme défi, vous conviendrez que c'est trop fort. Aussitôt, l'organe, enduit d'une glu de sa composition qu'il a le don de sécréter, se garnit d'insectes se démenant comme des agités. Dès que sa langue est noire de fourmis, et ce n'est pas long, il la rentre, brochette garnie, et alors, bonsoir voisins, il avale d'un trait toute la compagnie.

Il recommence à jet continu, ce joli tour d'escamotage; et c'est merveille de le voir réaliser ainsi à son profit le miracle des alouettes tombant dans la bouche toutes rôties.

Mais les fourmis ne constituent pour lui qu'un accessoire préliminaire. Mis en appétit par cet excitant pimenté; il se met en quête du plat de résistance.

Tous les goûts sont dans la nature, et chacun a son plat favori. Pour un Pivert, le plat de résistance consiste dans le ver de bois, un rongeur sournois qui se glisse sous les écorces, mine la sève des arbres, et exerce à huis clos des ravages épouvantables dans la forêt.

Ce que le bon Pivert consomme de ces vers de bois est incalculable. A ce titre, il peut être considéré comme l'un des agents les plus utiles du service forestier; bien mieux, comme un conservateur des forêts. Saluons-le, Messieurs; sans son aide, il y a beau temps que nos bois auraient vécu.

Mais le Pivert est avec nous. C'est lui qui se charge de régler leur compte aux insectes ravageurs. A de certains indices :

Driopic noir. (Mâle et femelle.)

branches mortes, rameaux languissants, feuilles jaunies, son œil exercé a constaté sur un chêne la présence du ver de bois. Aussitôt il se met à l'œuvre, se cramponne au tronc, grimpe en spirale, explorant avec son aisance de gymnaste consommé, toute la surface. Dès qu'il a reconnu sur l'écorce un petit trou accusateur, trou qui a servi d'entrée au délinquant, il darde dans ce trou sa langue flexible et déliée, qui est très longue et terminée par une pointe osseuse et hérissée de petits crochets tournés en arrière. Cette langue lui sert de harpon pour appréhender le coupable et l'amener au dehors. Il arrive quelquefois que l'insecte criminel, qui ne s'abuse pas sur la portée de ses méfaits et se sent passible de la vindicte publique, a pris ses précautions et a établi sa retraite à grande distance du trou d'entrée, hors de la portée, par conséquent, des moyens de son ennemi. Dans ce cas, l'oiseau rusé, qui a plus d'une ficelle dans son sac, change de tactique. Il rampe sans bruit sur la surface de l'arbre et va se poster du côté opposé à celui qui recèle la bestiole. Cela fait, de son bec puissant, il frappe sur l'écorce deux ou trois coups bien assénés, qui sont comme une sommation : « Toc! toc! toc! » Tout aussitôt, à son air attentif, vous reconnaissez qu'il perçoit à l'intérieur un certain remue-ménage. En effet, à ce « toc! toc! » imprévu qui le fait sursauter, le ver de bois comprenant que sa vie est menacée boucle ses malles et se met en devoir de fuir par la cheminée, ou si vous le préférez par le trou d'entrée qu'il a percé en haut.

Cette tactique du Pivert rappelle dans son genre une fumisterie qui fit quelque bruit dans son temps et qui est peut-être encore présente à quelques mémoires.

— « Au nom de la loi! que tout le monde sorte à l'instant même? » Ainsi s'exprimait à haute voix, à l'entrée d'un *buen retiro* à 15 centimes, un personnage ceint d'une écharpe de commissaire. Durant l'espace d'une minute, ce fut des soupirs étouffés, des froissements de papiers, des bruits de vêtements rajustés en hâte; puis à droite et à gauche les portes s'ouvrent et les « consommateurs? » montrent leurs visages ahuris, les yeux hors de tête, rouges comme des homards cuits.

Le pic épeiche.

— « C'est très bien! Maintenant, vous pouvez continuer! » conclut notre personnage, lequel n'était autre qu'un clerc d'huissier qui avait fait un pari.

Mais le ver de bois ne s'en tire pas à si bon compte et l'oiseau grimpeur ne l'entend pas ainsi. Il attend la bestiole au passage. Dès qu'il sent qu'elle est à bonne portée, il darde sur elle le harpon de sa langue, cueille la sale bête comme un malfaiteur qu'elle est, et « au bloc! » Le bloc, c'est l'estomac du Pivert.

Ce truc est infaillible et il a été d'ailleurs imité avec un plein succès dans leurs chasses par les entomologistes ou collectionneurs d'insectes.

Lorsqu'il a, de la sorte, purgé un massif, fait râfle d'insectes assassins, le Pic se met à l'essor et d'un vol saccadé se transporte dans un autre quartier, content des bons tours qu'il vient de jouer et poussant un cri moqueur qui est comme un éclat de rire.

Le Pivert se marie chez nous et y élève sa famille. Les troncs d'arbre où se trouvent creusés des trous assez profonds, tapissés de poussière de bois, sont les berceaux qui abritent ses petits. Ce milieu fréquenté par les insectes constitue, durant leur première enfance, leur garde-manger naturel, et c'est là qu'ils font leur premier apprentissage de chasseurs de vers de bois, fourmis, cloportes et autres bestioles.

Pour résumer en quelques mots mon opinion sur le Pic, je crois pouvoir le définir ainsi : « un policier d'un vrai mérite doublé d'un clown plein d'agrément. »

LE COUCOU

Sa circonstance atténuante consiste en ce qu'il est grand mangeur de chenilles, même de chenilles poilues que les autres insectivores respectent par répugnance. A ce titre, il a droit à l'indulgence du chasseur qui l'aperçoit au bout de son fusil; or le cas est rare, car c'est un finaud, et d'ailleurs sa maigreur est proverbiale et ce serait un piètre gibier. Mais quelles mœurs!

Le plus connu de cette famille, dans nos forêts, est celui que la science a défini sous le nom de *Coucou chanteur*. Chanteur, je le veux bien, mais chanteur léger, alors, chanteur de cafés-concerts, chanteur de couplets fort lestes dont le refrain le plus ordinaire est peu édifiant : « Cou-cou! cou-cou! cou-cou-cou!!! » qui en dit long.

La femelle, la honte de son sexe, a, de bonne heure, jeté sa huppe par-dessus les moulins. C'est une névrosée, une détraquée. Elle fait choix d'un ami, lui jure une fidélité qui ne doit finir qu'avec la vie, et cohabite avec lui... un jour ou deux. Dès le troisième, elle quitte son préféré de la veille pour en prendre un nouveau, puis un troisième et ainsi de suite.

Dans de pareilles conditions, il ne saurait être question pour elle, de vie de famille, de nidification, d'éducation de bébés. Elle pond son œuf dans le premier endroit venu, à terre la plupart du temps, puis n'a plus qu'un souci, celui de dérober à tous les regards ce fruit de son inconduite. Anxieuse, elle ramasse cet œuf, relativement petit, avec sa bouche qui est large, le cache dans son sein ou plutôt le fait glisser dans son gosier, un gosier profond de chanteuse, puis elle va l'abandonner en se dissimulant de son mieux, et le déposer avec mystère dans le berceau de quelque ménage insectivore : Fauvette, Rouge-gorge, Rossignol des murailles, Verdier, Bouvreuil, Pie-grièche, Geai, Grive ou Merle.

Coucou chanteur.

Elle choisit, pour abandonner l'espoir de sa postérité, le moment où elle sait ne pas être vue, car le code des oiseaux est sévère en cette matière et elle se ferait lapider. Elle fait le guet, prend son temps, et c'est seulement lorsqu'elle s'est assurée de l'absence des propriétaires qu'elle sort son œuf de sa cachette, le dégorge et le glisse avec son bec dans leur nid. Cela fait, elle disparaît.

Les autres, bonnes gens, adoptent sans difficulté et élèvent avec leur propre famille cet enfant trouvé. Ce n'est pas sa faute, pauvre petiot, si sa mère est une sans cœur, et on ne saurait l'en rendre responsable. Quelquefois, la fatalité semble s'acharner après cet enfant du hasard, et il arrive ceci que le jeune oiseau, issu d'un œuf introduit frauduleusement par un trou d'arbre trop étroit, se trouve empêché de suivre ses frères de lait, lorsque, l'éducation au nid étant parachevée, ceux-ci s'échappent pour voler de leurs propres ailes.

On a trouvé de jeunes Coucous morts de faim dans des creux d'arbres servant de nid à la Bergeronnette grise, parce que l'ouverture était trop exiguë pour leur permettre de sortir.....

Et pendant que son rejeton se trouve exposé à tous les hasards, à tous les dangers qui sont le triste lot de l'enfance abandonnée, la mère dénaturée, poursuivant le cours de ses débordements, jette à tous les échos de la forêt son éternel refrain : « Cou-cou! Cou-cou-cou!!

LA HUPPE

La Huppe est un très joli grimpeur, la tête ornée d'un diadème de

Huppe.

plumes du plus bel effet; c'est un oiseau digne de nos respects à titre de mangeur d'insectes nuisibles. C'est un migrateur.

La Huppe apparaît chez nous fin mai ou commencement de juin, avec les premières chaleurs. Lorsque, le matin vous entendez son cri : « Bou-bou-bou! » vous pouvez dire que l'été est proche. Elle niche dans les troncs d'arbres vermoulus, comme le Pic, et repart aux premiers froids.

LE TOUCAN

Dans le cas où, par impossible, vous n'auriez jamais vu de Toucan, rien ne saurait vous donner une idée plus exacte de la physionomie de cet original, que le spectacle de la parade offerte à la curiosité

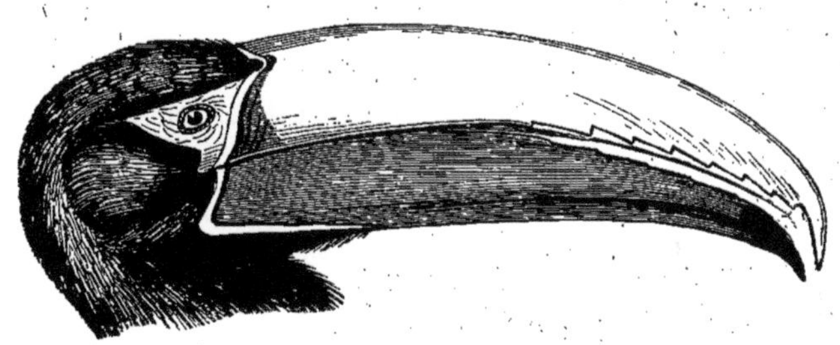

. . . . La tête s'y emboîte comme dans un étui.

du public, les jours de foire, par un pitre affublé d'une tête postiche, le chef caché sous un masque immense, ce qui lui donne un aspect grotesque et caricatural.

Tel le Toucan, dont le bec est d'une dimension égale, sinon supérieure au volume du reste du corps; à ce point que les naturels de son pays d'origine (l'Amérique équatoriale) le désignent quelquefois sous le nom d'*Oiseau-tout-Bec*.

Nous devons supposer qu'à l'époque préhistorique qui correspond à l'âge de... la distribution des becs, le Toucan accourut à l'appel, arriva beau premier, et, comme il est grand mangeur, choisit dans le dessus du panier ce qu'il y avait de plus volumineux.

Toujours est-il que ce bec paraît postiche. La tête de l'oiseau s'y emboîte comme dans un étui.

Le Toucan a les jambes courtes comme tous les Grimpeurs; aussi ne se plaît-il que perché; à terre, son attitude est gauche et embarrassée, et il ne peut s'y mouvoir qu'en sautillant. Lorsqu'il veut exprimer ses idées, il pousse de grands cris, comme si son bec était un porte-voix.

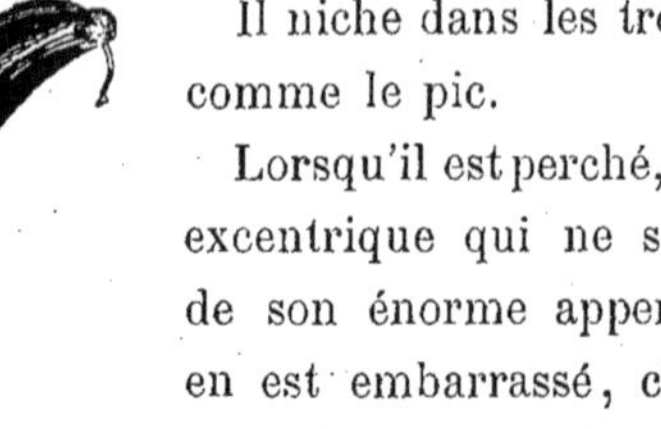

Toucan de Cuvier.

Il niche dans les trous d'arbres, comme le pic.

Lorsqu'il est perché, ce Grimpeur excentrique qui ne sait que faire de son énorme appendice et qui en est embarrassé, cherche, sans pouvoir y parvenir, à se donner une contenance; il porte son bec à droite, puis à gauche; le relève comme s'il prenait le ciel à témoin, gesticule, en un mot, comme s'il s'adressait à un nombreux auditoire, aussi les créoles de la Guyane l'ont-ils baptisé du nom d'*Oiseau prédicateur*.

Prédicateur soit, mais ce dont on peut être certain, c'est que, s'il prêche l'abstinence, il ne la pratique point. Sa gourmandise, qui est à la hauteur de la dimension de ses mandibules, ne respecte rien. Tout à la fois granivore, frugivore, insectivore, carnivore, il dévore tout, mettant au pillage les vergers, les champs, les nids d'oiseaux et tout ce qui est à sa portée.

En volière il mange indistinctement : viande, pain, pâtée, fruits, poisson et tout ce qu'on veut bien lui donner, car on peut le tenir en captivité et même l'apprivoiser. M. Colliaux, préposé à la volière du Jardin d'acclimatation, pourra vous montrer plusieurs spécimens de Toucans en cage, figurant dans sa collection vivante, tous très richement vêtus, et ne manquera pas de vous les signaler comme les plus belles fourchettes de toute sa ménagerie ailée.

L'Oiseau-tout-Bec a une singulière manière de happer sa nourriture; il la saisit morceau par morceau, la projette en l'air, ouvre son large bec et la proie va se loger d'elle-même dans son gosier.

La fréquentation de cet excentrique, dès lors, n'est pas dépourvue d'agrément; il vous fait passer de bons moments et vous êtes ravi de trouver chez lui l'étoffe d'un jongleur versé dans l'escamotage et de première force au bilboquet.

LE PERROQUET

Lorsque vous pénétrez dans la volière vitrée du Jardin d'acclimatation, où se trouve réunie la collection des diverses branches de la famille, votre premier mouvement est de vous boucher les oreilles. Comme concert de cris sauvages, comme cacophonie insensée, c'est la foire : la foire lorsqu'elle bat son plein, la foire avec son tapage infernal de cymbales, de grosses caisses, de porte-voix; avec les appels, les défis, les lazzis des pîtres croassant, glapissant, beuglant tous à la fois et à qui mieux mieux, pour dominer les clameurs de la baraque rivale.

Vous ne savez auquel entendre. Chacun des oiseaux braillards, juché sur son perchoir comme sur un tréteau, vous fait des avances, vous débite son boniment, vous poursuit de sa réclame. Celui-ci baisse la tête à votre approche; c'est une caresse qu'il sollicite. Il demande que vous lui grattiez l'occiput. Cet autre, perché sur une patte, porte à son bec l'autre patte dont les doigts fermés ne contiennent rien. Cette mimique expressive est une invite à bon entendeur. C'est une friandise qu'il désire.

— Quel genre de friandise?

— Il n'y a pas à chercher : le casse-noisette qui lui sert de bec vous l'indique surabondamment : il s'agit d'une noix, d'une amande, d'un fruit à noyau, cela va sans dire.

Ce n'est pas tout, et il vous est réservé d'autres surprises. Votre entrée a à peine interrompu la troupe en plein travail d'exercices aussi intéressants que variés. La représentation suit son cours et vous asistez à une séance bien faite pour arracher des bravos. Vous admirez des tours de force que ne désavouerait pas Hercule lui-même : des sujets qui s'enlèvent à la force des poignets, à la force de la mâchoire; des artistes qui se hissent au trapèze, où ils font montre d'un savoir-faire merveilleux, se balançant au-dessus du vide, suspendus seulement par un doigt; des clowns qui se livrent à des mouvements cadencés, figurant des danses étrangères. Quelques-uns chantent des couplets en vogue, et dans un excellent français, mais il faut être tout près pour distinguer leur voix au milieu du vacarme.

Avec cela des costumes d'une fraîcheur, d'une richesse, d'une variété de couleurs qui sont une fête pour les yeux.

Voici d'abord les *Aras*, à la longue queue, les plus gros bonnets de la corporation, Aras de toutes les couleurs, plus richement vêtus les uns que les autres, qui de blanc de neige, qui de vert, qui de rouge écarlate, quelques-uns de bleu ciel.

Viennent ensuite, par rang de taille, les *Cacatois*, costumés de blanc, vêtus de court, mais la tête empanachée avec un luxe inouï de huppes plantureuses : huppes blanches, huppes jaunes, huppes roses, tous plus huppés les uns que les autres. Le plus remarquable de tous ces Cacatois est celui de *Leadbeater*, dont la coiffure est une merveille.

Ensuite les *Perroquets* proprement dits : les Jacos, les jaseurs, les beaux parleurs de la troupe, à la livrée verte, gris-cendré, brune, bleue, rouge, ou même de nuances variées, comme un habit d'arlequin.

Enfin, à l'arrière-plan, enfermées par couples dans des cages, les gentilles *Perruches* de toutes tailles, de toutes couleurs; quelques-unes magnifiquement vêtues, comme l'Omnicolore, la Pennant, la Swainson, la Collier rose; d'autres remarquables par leur petitesse, leur commérage, leur espièglerie, leurs agaceries : l'Ondulée, l'Inséparable, l'Edwards, la Souris, la mignonne Touï-été.

La famille des Perroquets, au dire des savants, comporte des centaines et des centaines d'espèces, sur le classement desquelles tout le monde n'est pas bien d'accord. Pour simplifier, nous ramènerons modestement, si vous y consentez, toutes ces espèces à quatre types les plus connus, qui sont ceux que nous venons de passer en revue : Aras, Cacatois, Perroquets proprement dits, et enfin Perruches.

Nous allons lier un bout de connaissance avec chacun de ces types en particulier; mais auparavant, je crois que vous ne me saurez pas mauvais gré de rappeler les caractères qui leur sont communs.

Le Perroquet est monogame, frugivore à l'état sauvage, niche dans les trous des arbres, à l'ombre desquels il s'abrite de la chaleur du jour, en compagnie; et d'où il se répand, en troupe nombreuse, pour la maraude et le pillage, à travers les vergers, détruisant pour le plaisir de détruire, même les fruits qu'il ne consomme pas. Aussi est-il regardé de travers par les naturels de la contrée qu'il habite, et tel sujet qui, chez nous, a la valeur d'un bon chien de chasse, est pourchassé, chez lui, comme un être malfaisant. Nous savions déjà que nul n'est prophète en son pays.

Avec cela grimpeur par excellence, grimpeur sur toutes les coutures, grimpeur des pieds et du bec, *unguibus et rostro.* Sa manière de prendre sa nourriture l'a fait ranger dans une subdivision de son ordre dite des *Grimpeurs préhenseurs* parce qu'il se sert de son pied comme d'une main, pour appréhender un fruit, le retourner convenablement et le rapprocher de la bouche dans la position la plus favorable pour être entamé.

Mais, s'il est exclusivement frugivore, comme un anachorète, à l'état sauvage, le psittacidé se rattrape à l'état domestique et ses instincts d'imitation, qui le portent à reproduire tout ce qu'il voit faire, le conduisent, en captivité, à manger et à boire de tout ce que nous mangeons et buvons en sa présence : des radis, du pain, des légumes, du poisson, de la viande, du fromage, du dessert, du sucre; du vin, du café et des liqueurs. Dans ce dernier cas, il ne tarde pas à être gris, devient tapageur, et il n'y a plus moyen de le faire taire.

Son caractère, vous l'avez sans doute remarqué, présente plus d'un point de ressemblance avec celui du quadrumane et il est comme le singe du genre; à cette différence près, toute en faveur du volatile, que le perroquet a poussé l'esprit d'imitation jusqu'à reproduire la parole humaine. Dès lors, il a pu apprendre à parler, à chanter, à siffler, et même à contrefaire le cri des divers animaux, le bruit du tambour, etc., etc.; il a pu cultiver une foule d'arts d'agrément qui en ont fait un animal de société très amusant, et de là ses succès dans le monde.

Ara.

Cet aperçu des caractères généraux de la famille étant épuisé, je vais essayer de vous portraicturer chacune branche d'icelle en particulier.

D'abord l'*Ara*. L'Ara, ainsi nommé par imitation du son produit par son cri rauque, est un naturel des contrées chaudes de l'Amérique du Sud. Il surpasse en taille et en beauté, en richesse et en élégance, les autres tribus de la famille : par contre, il apprend, à parler difficilement. On ne saurait tout avoir.

Mais il s'apprivoise volontiers et est susceptible de discernement et d'attachement. Il n'a jamais pu se plier au diapason d'une conversation raisonnable, et les éclats de sa voix lui interdisent l'accès des appartements; mais comme, lorsqu'il est dressé, il n'abuse pas de la liberté qu'on lui donne, et revient de lui-même à domicile, c'est un animal de confiance, dont la place est tout indiquée à l'entrée d'un vestibule, d'une cour ou d'un jardin, où il est très décoratif sous sa riche livrée, avec sa queue de coupe élégante, plus longue que les basques d'un habit à la française; aussi décoratif pour le moins que le suisse le plus éclatant, et où son emploi consisterait à annoncer, de sa voix de stentor, l'entrée de chaque visiteur. N. B : est très frileux, en sa qualité de Brésilien; et, si l'on songe à l'utiliser comme concierge, demande à être chauffé l'hiver.

Le *Cacatois* s'est fait bannir des Moluques et de l'Australie, son pays d'origine où il dévaste les rizières, saccage les arbres à fruits et commet toutes sortes de déprédations, par bandes de six à huit cents dans le même champ. Sa tête a été mise à prix, mais il est difficile de le surprendre, parce que la compagnie en maraude a toujours soin de disposer aux bons endroits une vingtaine de sentinelles.

En captivité, le Cacatois n'est pas dépourvu d'agrément, et dans ses accès de gaieté, il se livre à des gestes, à des contorsions, à des

Cacatois de Leadbeater.

singeries, où son énorme huppe, qui se dresse ou qui s'abaisse à volonté, joue le principal rôle, et qui en font un animal très amusant à fréquenter.

Mais il ne peut être tenu qu'en volière ou au perchoir, et encore, dans ce dernier cas, bien assujetti par une bonne chaîne de sûreté. Sa mise en liberté serait grosse de conséquences regrettables, ainsi qu'il m'a été donné d'en avoir la preuve.

J'ai possédé autrefois un Cacatois à huppe jaune, encore jeune, mais déjà fort mauvais sujet. Le drôle, un beau jour, ou plutôt un jour néfaste, trouva moyen d'ouvrir, à l'aide de son bec, le ressort du porte-mousqueton qui le retenait prisonnier. S'étant mis ainsi en rupture de perchoir, sa première visite fut pour le jardin où il n'eut rien de plus pressé que d'exercer ses talents naturels, et alors (c'était au milieu de l'été) poires et pommes grosses comme des noix, pêches vertes, fruits à moitié formés, tout y passa sur toute la ligne. Il entamait successivement chaque fruit, puis, le trouvant sans doute sans saveur, le jetait à terre, passait à un autre et ainsi de suite. La terre était jonchée des preuves lamentables de son savoir-faire.

On ne s'aperçut de sa fugue que par les cris désordonnés qui partaient de la poulerie, où le maraudeur avait fait son entrée, une en-

Perroquet Jaco.

trée à sensation, je vous assure. Le format de son gros bec noir, crochu comme un bec d'oiseau de proie, avait terrorisé la volaille. Tel l'âne revêtu de la peau du lion. Si les coqs avaient su!...

Quant au jardin, il garda des traces mémorables de sa visite, et je ne m'étonne plus, depuis lors, de l'animadversion dont le Cacatois est l'objet dans son pays d'origine.

Le *Perroquet* proprement dit est remarquable par sa sociabilité, sa mémoire et ses aptitudes variées. Parmi les sujets de cette nombreuse famille, c'est le Perroquet cendré, du Cap de Bonne Espérance, si populaire sous le nom de Jaco, qui tient la corde comme animal d'agrément, par sa familiarité, son caractère jovial, son bagout intarissable et son aptitude merveilleuse à reproduire les gestes et la parole. Il n'y a que le Jaco pour danser en cadence, donner la patte; pour contrefaire l'aboiement du chien, le miaulement du chat, le cri du coq, le son de la trompette et même celui du tambour; pour chanter siffler, pleurer, éclater de rire avec une perfection tout à fait nature.

Sa mémoire est remarquable. De la Borde a connu un Jaco qui remplissait l'office d'aumônier sur un navire. Perché sur une vergue, il récitait aux matelots agenouillés avec l'intonation voulue et sans se tromper, la prière du soir et ensuite le rosaire.

Perroquet de Ruppell.

Le Perroquet auquel on veut apprendre à parler, doit être pris jeune, autant que possible. Il ne faut pas surcharger sa mémoire, mais lui répéter souvent et distinctement ce qu'on veut lui apprendre. Sa gourmandise, qui est grande, vient en aide au professeur. On lui montre une chose qu'il aime : une noix, un fruit, un morceau de sucre ou toute autre friandise, et on lui fait comprendre qu'il en aura s'il répète bien la leçon.

Le meilleur professeur d'un jeune Perroquet, c'est un Perroquet déjà instruit. Mais il faut éviter avec soin de faire passer l'écolier à une deuxième leçon, avant que la première ne soit sue sur le bout du... bec, car alors il se produit dans sa cervelle de Jaco une confusion regrettable et une habitude très difficile à perdre. Faute d'observer cette recommandation très essentielle, on s'expose à l'entendre énoncer avec aplomb des aphorismes de cette force :

« *Prendre des lanternes pour des vessies.*

« *Quatre-vingt-dix-neuf Champenois et un mouton font cent bêtes.*

« *Tel aperçoit une paille... dans la poutre du prochain, qui ne voit pas... une poutre... dans sa propre paille!* »

Perroquet à dos bleu.

Le Perroquet, malgré qu'on en ait dit, ne parle pas sans attacher un sens aux paroles qu'il récite. On a souvent comparé son débit au travail mécanique du tournebroche, et c'est à tort. J'ai eu à la maison un Perroquet vert, de Luçon, qui, chaque fois qu'il me voyait à table prendre mon verre, ne manquait pas de s'écrier : « Allons, bois un coup! » et de faire avec sa patte le geste adapté à ses paroles. Si je lui présentais, à travers les barreaux de sa cage, un morceau de viande fumante, il s'écriait aussitôt : « C'est trop chaud encore; soufle! soufle! » et son gros bec imitait le mouvement du soufflet.

Un matin, mon barbier vint me raser à domicile. C'était la première fois que ce *fratres* mettait les pieds à la maison, et, pour gagner les bonnes grâces de Coco, il lui avait présenté une noix. Lors l'oiseau de s'écrier : « Mam'selle Maria! » puis, de sa voix la plus douce : « Bonjour, Mam'selle Maria. »

A première vue, l'exclamation de l'oiseau jaseur faisait l'effet d'un coq à l'âne; mais en réalité il n'en était rien, car voici ce qui s'était passé.

J'avais eu pendant quelque temps comme femme de ménage une bonne femme nommée Maria, qui s'était liée d'amitié avec Coco, et qui, chaque matin apportait à son ami au gros bec quelque friandise, ce qui lui valait, comme remerciement, un bonjour bien senti. Cette femme, qui était âgée, vint à mourir. Partant, plus de sucre, plus de noisettes, plus de « Mam'selle Maria ». Puis, quelque temps après, une personne nouvelle, un coiffeur apportait une noix. Dès lors, aux yeux de l'oiseau raisonneur, la chaîne des cadeaux était renouée, il avait retrouvé une autre personne bienfaitrice, une seconde « Mam'selle Maria. » De là son exclamation joyeuse. Mais, voyez quel enchaînement d'idées.

LA PERRUCHE

Rien de susceptible d'attachement pour la personne qui la soigne, rien de charmant dans la vie de famille comme ce joli grimpeur.

Il y a des Perruches de toutes tailles, depuis celle du Perroquet jusqu'à celle du Pinson, et la livrée de presque toutes est éclatante des couleurs les plus vives. Une volière garnie de Perruches ressemble de loin à un jardin de fleurs vivantes.

L'une des Perruches les plus répandues est celle dite à collier rose (Inde), la *Palœornis torquatus* des naturalistes. Bec rouge cerise; livrée verte; demi-collier rose bordé de noir à la nuque; la queue très longue, mesurant 40 centimètres en fait un sujet très élégant.

La Collier rose est tellement affectueuse qu'on ne l'enferme pas en volière, et elle ne cherche pas à s'échapper, n'ayant qu'un souci, celui de récolter des caresses.

Platycerque couleur de feu.

J'ai connu un mâle de cette variété que j'ai conservé à la maison pendant quelques semaines. Il avait été mis en pension chez moi durant une absence de sa maîtresse. On le tolérait à la salle à manger, et aux heures des repas il nous amusait par sa gentillesse; mangeant de tout : viande, radis, pain; biscuit, café, sucre; buvant du vin, son éducation avait été négligée, car cette espèce parle, et elle ne savait dire que ce seul mot : « Voilà! »; mais, chose digne de remarque, elle savait le placer à propos.

Le Collier rose est susceptible d'une grande affection et d'une fidélité exemplaire, mais en revanche elle se montre d'une jalousie outrée. Gare aux animaux qu'on s'avise de caresser en sa présence! Nos chats blancs savent les becquées de poils que leur a valu l'expérience.

Lorsque la maîtresse de notre Torquatus revint chercher son oiseau, celui-ci, qui avait reconnu la voix de son amie dès avant son entrée dans l'appartement, de s'écrier en battant des ailes : « Voilà!» D'un bond elle fut sur l'épaule de sa vieille maîtresse, et ce furent des caresses, des témoignages d'amitié à n'en plus finir.

Une espèce très répandue et reproduisant bien en volière, est la *Perruche Calopsitte* (Australie) à la livrée gris cendré, huppée, les joues jaunes avec une tache rouge.

La Calopsitte supporte aisément le froid, est de santé robuste, douce de caractère et très

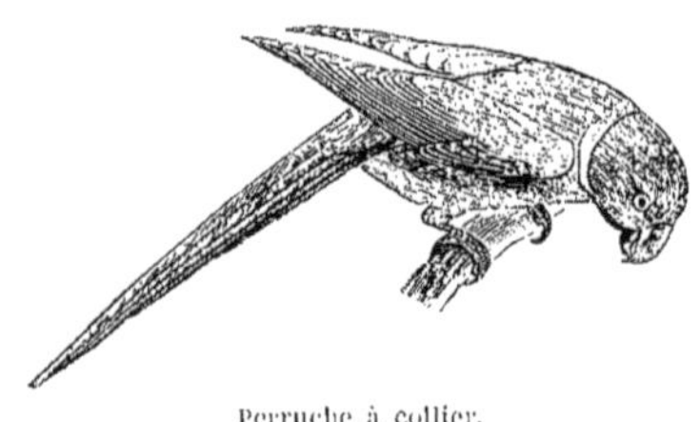
Perruche à collier.

attachée à la personne qui en prend soin. Vous ne passez jamais à portée de la volière où sont logées vos Calopsittes sans être interpellé par des cris d'appel et d'intelligence.

Une petite Perruche très connue et très intéressante par ses mœurs est l'*Inséparable*, ainsi nommée parce que, chez elle, le père et la mère se tiennent constamment côte à côte.

Je n'entreprendrai pas de passer en revue toute la famille des Per-

Perruche Calopsitte. (Mâle et femelle.)

ruches et par une raison facile à comprendre, c'est que cette famille comprend quelque chose comme cinq cent et quelques espèces, ce qui nous mènerait loin; mais je ne quitterai pas ce chapitre sans vous parler d'un de ces jolis grimpeurs, qui, comme animal d'agrément, n'a pas son pareil et qui a su se faire une place dans les volières qui embellissent les jardins d'amateurs d'oiseaux, où sa présence constitue une réelle attraction. Je veux parler de la *Perruche ondulée*. Dans ce but, je n'ai rien de mieux à faire que de me faire un emprunt à moi-même, car je cultive depuis des années cette intéressante variété (1).

(1) *La Perruche ondulée et autres acclimatées; les Diamants; les Bengalis. Installation, Nourriture. Reproduction*, par E. Leroy, 2e édition. Firmin-Didot et Cie, éditeurs.

La Perruche ondulée est un perroquet minuscule, gros à peine comme un Pinson. L'ensemble de son plumage est vert tendre, à reflets métalliques, chatoyant et miroitant; les couvertures des ailes marbrées de noir; la nuque et la collerette d'un vert jaune, zébrées de lignes noires très fines, d'un dessin ondulé, d'où probablement le nom de l'oiseau; la tête et la gorge jaunes chez les adultes; une tache bleue sur la joue; points noirs au dessous.

La volière aux ondulées.

La Perruche ondulée est une gymnaste de première force. Le trapèze lui est familier. Voyez-la, suspendue par une patte à une branche de graminée, un fil, évoluant sans effort, soit qu'elle fourrage, dans une attitude renversée, la touffe de verdure servie pour son déjeuner, soit qu'elle ramène, avec sa patte libre, les friandises rebelles qu'elle déguste entre ses doigts.

C'est en Australie, dans les massifs d'eucalyptus, de saules et d'acacias que se rencontre la Perruche ondulée, par vols innombrables, en compagnie de presque toutes les autres variétés de perruches : Omnicolores, Calopsittes, Palliceps, de Swaënson, de Paradis, etc., etc., se poursuivant par nuées à travers les branches, dont elles sont comme les feuilles volantes, comme les fleurs animées, tourbillonnantes et caquetantes.

La Perruche ondulée.

En compagnie aussi des kangourous de toute taille, depuis le kangourou géant qui mesure neuf pieds de long, jusqu'au Kangourou-nain, appelé aussi kangourou-rat, à cause de l'exiguïté de ses dimensions; et d'un autre excentrique baptisé par les savants du nom de *phascolome* : une manière de petit ours pas bien léché, terminé d'un bout par un groin, de l'autre par rien du tout, pas même un soupçon de queue.

Quant à la destination spéciale de tous ces gens-là, vous la devineriez sans peine en voyant l'acharnement plein d'audace que tous, du haut en bas de l'échelle, apportent à détruire la végétation qui les entoure.

Il serait difficile de se faire une idée de l'entrain avec lequel tous s'attaquent à l'envi, sans vergogne et sans trêve : phascolomes aux racines, kangourous aux tiges et aux basses branches, Perruches et Cacatoès aux rameaux supérieurs et aux bourgeons.

Tous rongeurs, tous écorceurs, tous éplucheurs, tous émondeurs des fantaisies sans frein d'une végétation luxuriante qui, sans eux, envahirait tout.

Volière.

La nature ne devait pas moins à l'Australie, un pays où il n'y a pas de marchands de bois.

La Perruche ondulée fait très bien en volière, surtout lorsqu'elle est en nombre.

Elle aime la société, beaucoup de société; plus elle est en nombre, plus elle est animée. Si elle n'a pas inventé le proverbe : « Plus on est de fous, plus on rit, » nul plus qu'elle ne se montre disposée à en faire une large application.

Elle pousse même l'esprit de sociabilité jusqu'à admettre dans son intimité des oiseaux d'espèces différentes, et à partager sa demeure avec les premiers venus, sans distinction de nationalité.

Le jeune perruchon penche la tête au dehors.....

Mais le vrai triomphe de la Perruche ondulée, ce qui la rend intéressante au possible, c'est le spectacle de son intérieur, de sa vie de famille, car elle reproduit admirablement en captivité, couve ses œufs, et élève ses jeunes avec sollicitude.

Un mois après sa naissance, le jeune perruchon, qui a revêtu tout son plumage, commence à montrer sa tête par le trou ménagé dans le saule ou dans la bûche creuse.

Ses parents se tiennent à sa portée et l'encouragent.

Il a faim et il demande; mais, au lieu de le sustenter comme d'habitude, on lui promet la nourriture; on la lui montre au bout du bec; on la lui offre en reculant pour le faire avancer; on lui tient, en un mot, la dragée haute.

Il voudrait bien sortir, le gamin, mais il n'ose pas.

Il penche la tête au dehors; puis, ébloui par l'inconnu, par l'espace, il recule.

Il regarde en bas, et il est pris de vertige : il regarde en haut, et le vertige augmente : c'est si profond, en haut!

Il voudrait bien, lui aussi, voler comme ses parents, jouir de toutes les belles choses qu'il entrevoit, se baigner dans les rayons du soleil, boire la rosée, se gratter sur les perchoirs, s'attabler au plat de millet, se suspendre à la grappe de mouron.

Ah! oui, il le voudrait bien... mais... il n'ose pas.

Il avance la moitié du corps; il va partir... Non! il rentre en toute hâte. L'inconnu l'attire et l'effraye tout à la fois. Il désire et il a peur.

Ses parents, qui comprennent son embarras, lui viennent en aide.

Pendant que sa mère l'attire au dehors par l'offre d'une friandise présentée à distance, le père, qui a pénétré dans l'intérieur du réduit, le prend en sous-œuvre, et pousse au... à la roue pour le faire avancer.

Peine inutile! L'enfant se cramponne et refuse de sortir. Ce ne sera pas encore pour cette fois.

Ce charmant manège dure quelquefois deux ou trois jours, durant lesquels votre bûche creuse ou votre tronc de saule vous vaudra autant de récréation qu'un bon vaudeville.

Tout à coup, au moment où vous commencez à désespérer, l'oisillon, qui a fini par se familiariser avec le monde extérieur, avec l'espace sans limites, l'oisillon prend sa volée, et, moitié effrayé, moitié content, vient se poser au perchoir.

Arrivé là, il s'arrête pour se remettre un peu.

Il est ému, je vous assure, le cher petit!

Papa et maman accourent à son aide, se perchent à ses côtés, lui parlent, l'encouragent, lui font risette, et l'alimentent à tour de rôle, ce qui se fait en l'embecquant.

Cela fait, on épluche Bébé; on lui lisse la queue et les plumes des ailes, que les ordures du nid ont pu tacher ou coller ensemble, de façon que l'enfant soit propre, qu'il soit pourvu de tous ses moyens et ait le libre jeu de son outillage aérien.

Lui se regarde, se trouve beau, fier comme le bambin qui vient d'étrenner sa première culotte...

. . . .

ÉCHASSIERS

Bâtis sur pilotis, comme les maisons lacustres, auxquelles nous pouvons admettre qu'ils ont dû servir de modèles, la plupart des échassiers ont pour emploi spécial la police des marais, des flaques d'eau, des étangs et des plages, où ils ont pour mission de modérer la trop grande multiplication des reptiles, mollusques, rats d'eau et autres bestioles d'une utilité contestable.

Aussi dame Nature, dans sa sollicitude pour cette classe d'auxiliaires, a-t-elle pris soin de leur éviter les inconvénients du contact trop immédiat des rez-de-chaussée humides, source de rhumatismes, et les a-t-elle logés sur étage. Vous avez pu remarquer que le corps de la plupart d'entre eux se trouve juché, toutes proportions gardées. à la hauteur d'un premier, voire d'un deuxième.

LE FLAMANT

Quelques-uns même, comme le *Flamant*, sont perchés si haut, que le corps semble habiter au cinquième au-dessus de l'entresol.

Comme conséquence, il a été départi à tous les individus de cette classe un cou d'une longueur proportionnée à celle de ses échasses : faute de quoi chacun d'eux se trouverait exposé, de par les lois de la statique, à perdre l'équilibre toutes les fois qu'il voudrait se baisser soit pour prendre sa nourriture, soit pour vaquer à ses occupations. Aussi avez-vous pu constater, chez le Flamant ci-dessus nommé, un col qui représente un véritable câble, d'une longueur invraisemblable, à ce point que le porteur de cet engin, lorsqu'il veut se mettre au repos, en est réduit à enrouler ce col immense autour de ses épaules, à la façon d'une corde à puits. Quelquefois même, il lui arrive de faire à ce cou démesuré, un nœud en forme de 8, comme aide-mémoire sans doute, pour ne pas manquer de se rappeler quelque chose d'essentiel à son réveil; ou, peut-être, qui sait? pour pouvoir le reconnaître, voire le réclamer s'il venait à s'égarer pendant la nuit.

Le Flamant a les doigts palmés, ce qui a fait dire de lui qu'il a un pied chez les échassiers et un pied chez les palmipèdes.

Là-bas, sur les bords du Nil, les femelles des Flamants, lorsqu'elles veulent couver, ont adopté un système original qui les dispense de s'accroupir à la façon des poules. Elles construisent, avec de la terre rapportée des cônes élevés, au sommet desquels elles pratiquent une sorte de cuvette où elles pondent. La ponte terminée, elles s'assoient sur cette cuvette, les pattes pendantes, dans l'attitude de quelqu'un lisant son journal. Comme elles vivent en troupes nombreuses et que leurs nids sont rapprochés les uns des autres, leur maintien recueilli les fait ressembler de loin à des abonnés d'un cabinet de lecture. Cela dure trente jours.

Leurs grandes jambes et leur long cou, portés d'ailleurs avec aisance, donnent aux divers membres de la gent échassière un grand cachet d'élégance. Pas de bossus, chez eux; tout au plus, chez quelques-uns, de grands pieds qui les déparent; mais ces grands pieds leur sont indispensables, à titre de raquettes destinées à préserver ceux qui en sont porteurs de l'enlizement dans la vase des marais. N'avons-nous pas, par analogie, adopté les *snow boots*, qui nous font des pieds si larges, pour pouvoir circuler impunément dans la neige?

Tous ces porteurs d'échasses, grands et petits, sont nés avec des aptitudes diverses; quelques-uns sont nageurs : la Foulque, l'Avo-

Les Flamants.

cette; la plupart d'entre eux, mal outillés pour la natation, doivent se contenter du simple bain de pieds, ou tout au plus du bain de siège; la Poule sultane, le Râle d'Australie, la Cigogne, le Héron, se noieraient parfaitement dans une eau profonde.

D'autres enfin, les Autruches, les Outardes, renommés pour la rapidité de leur course, craignent l'eau comme un élément contraire, au contact duquel ils feraient piteuse figure, comme de véritables poules mouillées. C'est, sans doute, à cette particularité qu'ils doivent d'avoir été rangés quelquefois dans l'ordre des gallinacés, par quelques naturalistes en mal de classification.

Et pourtant, Autruches et Outardes sont munies d'assez longues jambes pour avoir droit à prendre rang, — un rang honorable, — dans le corps des échassiers. Aussi est-on convenu, en désespoir de cause et pour mettre tout le monde d'accord, d'en faire une classe à part, dite des *échassiers coureurs*, pour les distinguer des échassiers proprement dits, dont ils diffèrent radicalement par leurs habitudes et leur séjour dans les lieux secs : déserts, plateaux, grandes plaines.

L'AUTRUCHE

L'Autruche, désignée par les savants sous le nom de *Struthion*, est le principal représentant d'une classe méconnue, d'un type incompris, comme la plupart de ceux dont la nature nous a entourés et que nous aurions dû nous attacher à titre de serviteurs.

Du moment où nous nous sommes décidés à faire entrer le pigeon dans l'administration des postes, où il remplit d'ailleurs ses fonctions de messager à la satisfaction de ses supérieurs, je me demande comment il se fait qu'il ne soit venu à l'idée de personne d'utiliser les aptitudes de l'Autruche (un vélocipède vivant, dont la vitesse dépasse celle du meilleur cheval), pour le service des dépêches dans les campagnes.

Loin de là, nous nous sommes mis en tête de persécuter l'Autruche, pour la vaine gloriole de panacher notre chef avec des plumes dont la destination a été d'ombrager les parties postérieures de ce grand bipède : et en ceci nous pouvons nous vanter d'avoir commis une vraie gaffe, un de ces impairs comparables à celui qui consiste à traire la vache par les cornes.

Ne serait-il pas plus pratique de charger l'échassier coureur du

Autruche.

sac aux dépêches, qu'il consentirait à transporter de village en village? Il ne s'agirait, pour nous assurer son bon vouloir, que d'intéresser suffisamment son appétit et de l'habituer à se voir délivrer, d'étape en étape, et service par service, le menu dont se compose sa nourriture quotidienne. Au premier relais, par exemple, l'attendrait, à titre de relevé, une sébile d'avoine ou de maïs, qu'il savourerait pendant qu'un employé de la mairie, l'instituteur, je suppose, ferait le tri des lettres et compléterait son chargement. Au deuxième relais se trouverait servie à son intention, comme hors-d'œuvre, une écuelle de menus morceaux de pain et de salade hachée : au troisième relais, des entrées en rapport avec ses besoins, et ainsi de suite jusqu'au dessert et jusqu'à ce que, sa tournée accomplie, il re-

Autruches-nandous en famille.

gagnât son bureau point de départ, où le recevrait son box, muni d'une bonne litière pour le repos de la nuit.

Faute d'appliquer cette idée réalisable, nous nous privons maladroitement d'un bon auxiliaire, d'un utile employé qui ferait à lui seul, et à grande vitesse, le service de dix facteurs ruraux et qui ne coûterait que des frais insignifiants de nourriture, pas d'appointements, pas de gratifications, pas de pourboires; pas de frais d'uniforme, de coiffure, de chaussure; tout au plus une cocarde.

Tout ceci est bien simple. Notez que l'Autruche est éminemment dressable, intelligente et susceptible d'éducation. Elle l'a prouvé le jour où elle s'est laissé atteler, au Jardin d'acclimatation, pour la plus grande récréation de nos bébés.

Espérons que l'Autruche finira par se faire une situation dans l'administration. Elle est d'ailleurs en voie de sortir de l'obscurité. On a créé, dans ces derniers temps, notamment dans notre colonie algérienne, des fermes d'Autruches qui, j'aime à le croire, sont comme le prélude d'établissements d'application appelés à faire pendant à nos colombiers de Pigeons voyageurs.

LA GRUE

Le jour où nous voudrons nous donner la peine d'user des serviteurs que la nature a mis à notre portée, et où la direction des Postes et Télégraphes songera à utiliser les services du grand Struthion, ne sera peut être pas éloigné de celui où l'Opéra s'estimera heureux d'ouvrir à deux battants ses portes à un autre membre de la famille échassière, un pur virtuose, ce dernier; car cette famille, riche en sujets intéressants, renferme des artistes d'un réel talent.

Je veux parler de la *Grue*.

La Grue est essentiellement une danseuse, et une danseuse d'un vrai mérite. Son existence tout entière n'est qu'une sauterie et il semble que la déesse Terpsichore en personne ait pris la peine de lui infuser dans les jambes le vif argent de la chorégraphie. La Grue ne saurait faire un pas sans l'accentuer d'un bout d'entrechat. Dans le corps de ballet elle ferait merveille. A sa vue les applaudissements... partiraient tout seuls.

Mais avant d'aller plus loin et pour me mettre à l'abri du reproche de faire de la Grue un portrait fantaisiste, qu'il me soit permis de citer ici l'opinion d'auteurs sérieux.

L'*Encyclopédie d'histoire naturelle*, de Chenu, s'appuyant sur une citation de Nordmann (page 234, 7e partie, Oiseaux), raconte textuellement ce qui suit :

« Quelques espèces de gruinés (les Grues ou Demoiselles de Numidie) ont des habitudes singulières. Elles arrivent dans le midi de la Russie vers le commencement de mars, par troupes de deux à trois cents individus disposés en vols triangulaires. Parvenues au terme de leur voyage, les bandes restent encore ensemble pendant quelque temps; et, lors même que les oiseaux se sont déjà dispersés par couples, ils se réunissent encore tous ensemble le soir et le matin, de préférence par un temps serein, pour s'exercer de compagnie et pour s'amuser à danser. A cette fin, ils choisissent dans les steppes un lieu convenable, le plus souvent le rivage plat d'un ruisseau. Là, ils se plaçent en ligne, sur deux ou plusieurs rangées, et commencent leurs jeux et leurs danses extraordinaires, qui ne surprennent pas médiocrement le spectateur, et dont le récit passerait pour fabuleux s'il n'était attesté par des hommes dignes de foi. Ils dansent et sautent les uns autour des autres, s'inclinant d'une manière burlesque, avançant le cou, dressant les plumes du collier et déployant à moitié les ailes.

Une autre partie, en attendant, se dispute à la course le prix de vitesse : arrivés au terme, ils se retournent, marchant lentement et avec gravité; tout le reste de la compagnie les salue par des cris réitérés, et par des inclinations de tête et d'autres démonstrations, qui sont réciproques.

« Après avoir continué de la sorte pendant quelque temps, ils s'élèvent tous en l'air où ils décrivent des cercles... »

L'avant-deux, la chaîne anglaise, le chassé-croisé et jusqu'au galop final, rien n'y manque. Ah! çà, mais qui donc, en définitive, a inventé le quadrille? Est-ce l'homme? Est-ce l'oiseau? Quant à moi, j'y perds mon latin; je préfère m'en laver les mains et livrer la question aux ergoteurs. Qu'ils se tirent de là comme ils pourront.

« On comprend que des oiseaux ainsi organisés et aussi habitués à vivre en société, conclut le docteur Chenu, puissent s'apprivoiser aisément. C'est, en effet, ce qui a lieu. » Ainsi s'exprime le savant docteur. Ce que vous avez lu, certes, ce n'est pas moi qui le lui fais dire.

Grue cendrée.

Que si le temps vous manque pour vous reporter à l'ouvrage cité, il ne tient qu'à vous de vérifier par vous-même, *de visu*, l'exactitude de ce qui précède en traversant le Jardin d'acclimatation.

Approchez-vous du quartier des Grues. Point n'est besoin de leur faire signe; du plus loin qu'elles vous aperçoivent elles interrompent un pas quelconque qu'elles étaient en train d'ébaucher, et accourent à vous en exécutant force entrechats, le coup d'aile familier, la voix rauque et elles murmurent alors à votre oreille, dans une langue inconnue, des paroles mystérieuses.

Quelle que soit la zone de leur pays d'origine, toutes les Grues, au dire de Fulbert Dumonteil, s'acclimatent parfaitement à Paris. Il semble que le bois de Boulogne les attire, et vous les y rencontrez toutes, dans le Jardin dirigé par M. Geoffroy Saint-Hilaire, depuis la Grue d'Europe ou Grue commune, au plumage cendré, jusqu'à la magnifique Grue du Sénégal ou Grue couronnée, en passent par la Grue d'Australie, au collier rouge; la Grue de Siam, à la tête écarlate; la Grue de Paradis, coiffée de blanc; la Grue de Numidie,

— *Grus virgo* des naturalistes (traduire *virgo* par vierge folle), — à la double aigrette blanche, à la démarche gracieuse et cadencée; la Grue blanche de l'Amérique du Nord, *Grus candidissima* des savants : tenue de jeune mariée avec une aigrette blanche qu'on prendrait de loin pour une branche de fleurs d'oranger piquée dans la coiffure. Cette dernière est comme le merle blanc de l'espèce. Je la crois fort rare, et pour mon compte, je ne l'ai jamais rencontrée.

Toutes ces Grues, du haut en bas de l'échelle, sont des modèles d'élégance; harmonieusement drapées dans leurs ajustements d'une coupe savante, qui sera la mode de demain, toutes savent porter la toilette avec une aisance incomparable. Mais la plus en vue est, sans contredit, la Grue couronnée, ci-dessus nommée. Après celle-là, il faut tirer l'échelle, et son opulente tenue mérite une mention spéciale : robe noire; tunique blanche et jaune richement bordée de marron, collier et toque de velours noir; joues blanches (effet de poudre de riz); enfin, surmontant la toque, une couronne figurant une auréole d'épis d'or, véritable chef-d'œuvre d'orfèvrerie.

Son arrivée dans la capitale fit sensation. Tout Paris voulut voir cette fastueuse étoile, cette Grue qui avait un pied dans le *high life;* le Jardin zoologique vit doubler du coup ses recettes de droits d'entrée.

Très recherchée des amateurs, la Grue couronnée semble appelée au plus brillant avenir. Mais toute médaille a son revers; son existence dorée n'est pas exempte de traverses, et je suis en mesure de répéter après le bon La Fontaine.

> Ni l'or ni la grandeur ne nous rendent heureux
> Nous l'allons prouver tout à l'heure.

Dans le courant de l'hiver de 18... j'ai eu occasion de voir chez une dame âgée et fort riche, grand amateur d'oiseaux, une magnifique Grue couronnée qui, durant quelque temps, fit les délices de sa maîtresse.

Phryné, c'était le nom de la Grue, avait été payée fort cher; elle avait été cédée par le Jardin d'acclimatation au prix de plusieurs centaines de francs; mais qu'importait la somme pour une millionnaire!

Chalet artistique, verte pelouse, bosquets, allées sablées, *Phryné* avait à sa disposition l'installation la plus luxueuse que la Grue la

« Grus candidissima. »

plus exigeante puisse rêver en ce monde. De plus, les cadeaux lui pleuvaient. Mme X... mettait littéralement à sac les assiettes de dessert pour combler de friandises sa pensionnaire favorite.

Dès que Mme X... paraissait, après son déjeuner, sur le seuil de la salle à manger donnant sur le jardin, *Phryné* accourait avec un cri joyeux, les ailes étendues, exécutant les pas les plus variés et les plus curieux de son répertoire, puis prenait son régal dans la main de sa maîtresse ravie.

Pendant quelque temps tout alla bien; mais, le printemps venu, des points noirs surgirent à l'horizon. Mme X... fit la remarque que son jardinier changeait d'humeur. François devenait maussade, en même temps que le gazon des pelouses, entretenu avec un soin minutieux, montrait çà et là des brèches qui faisaient tache sur la verdure.

Il y avait là un mystère à éclaircir. Mme X... se mit en observation, et elle acquit avec stupeur la preuve que sa favorite était l'auteur du mal. C'était la Grue qui, pour chercher des primeurs de la saison, — vers de terre et autres, — saccageait la verdure d'une façon désespérante.

Vint le moment de planter les corbeilles enchâssées dans le gazon, et alors ce fut bien pis. Piochant la terre fraîchement labourée, *Phryné* arrachait à plaisir, avec les insectes savoureux, les fleurs les plus rares qui se trouvaient alors la racine en l'air, dans le plus lamentable état.

La situation n'était plus tenable et François en vint à poser à Madame la question... de tablier. Ou ce serait *Phryné* qui partirait, ou ce serait lui, François, qui quitterait la place. Prières, promesses de cadeaux, d'augmentation de salaire, rien n'y fit. C'était un ultimatum.

Il est certain qu'à la place de Mme X..., moi et bien d'autres eussions lâché François carrément. Mais il faut vous dire que François était un de ces jardiniers modèles, auxquels on peut donner un successeur, mais qu'on ne remplace pas.

Par ses soins, le jardin était peigné, brossé, lavé, ratissé avec amour, avec l'amour qu'une mère met à peigner, brosser, laver et... ratisser son enfant. Entre ses mains le jardin était devenu une merveille. On en parlait dans la ville. Renvoyer François, il n'y fallait pas songer. Ce fut Phryné qui dut partir.

En désespoir de cause, Madame implora, comme une grâce, la faveur de conserver encore huit jours sa Grue favorite, pour s'habituer à la séparation. François se montra bon prince. Il accorda les huit jours; mais huit jours secs, par exemple, pas vingt-quatre heures de plus.

Le commun des mortels est assez enclin à se plaindre des petits coups d'épingle de l'existence et à envier le sort du millionnaire, qu'il en croit indemme, sans qu'il vienne à la pensée de personne que ce qui, pour la plupart, est simple coup d'épingle, devient coup de poignard pour le privilégié de la fortune. Tout est proportionné dans la vie.

Phryné dut faire ses adieux. Il lui fallut reprendre le chemin du Jardin d'acclimatation. Mais, si la séparation fut pour Mme X... l'occasion d'un réel chagrin, il faut convenir aussi que la Grue n'était pas sur un lit de roses.

Phryné.

Quitter son éden, l'existence luxueuse, une installation princière, son petit parc aristocratique, son chalet, chef-d'œuvre d'architecture; se voir sevrée des cadeaux dont elle était comblée tous les jours, pour aller reprendre la vie commune des Grues du Jardin zoologique et la cuisine bourgeoise dont le faisandier Fauque est le maître d'hôtel. Plus de massepains, plus de fruits savoureux, plus de gâteries. Quelle chute! Pour Phryné, c'était la misère noire.

Il faudrait la plume d'un Balzac pour écrire convenablement ce chapitre des splendeurs et misères... des Grues couronnées.

La Grue commune, la Grue cendrée ou Grue d'Europe, celle qui prend ses ébats dans nos marais, est moins sujette à ces vicissitudes. Moins enviée, elle reste avec sa liberté, et elle en profite pour donner carrière à son humeur vagabonde, courant les plages où la vie est facile et où l'on s'amuse. Aussi nos climats ne la conservent que durant la belle saison. Vienne l'hiver maussade, elle émigre vers les stations chaudes où règne le soleil Africain, pour nous revenir avec le printemps.

Peu de personnes ont été à même d'assister au départ d'un convoi de Grues, votre serviteur tout le premier; mais, étant donnés le caractère et les habitudes de ces artistes nomades, il ne me paraît pas difficile de reconstituer en effigie et en se fondant sur les probabilités, ce genre de spectacle qui ne doit pas manquer d'originalité.

La scène se passe, je suppose, de l'autre côté de la Méditerranée, sur la plage africaine nous faisant face.

Nous touchons à la fin de mars.

Une Grue d'expérience, une vieille Aigrette, une Grue chevronnée, l'esprit en éveil, aspire la brise qui, en ce moment, souffle plein nord; attentive, elle perçoit dans l'air qui vient d'Europe certaines émanations qui, pour elle qui n'en est pas à son premier voyage, sont autant d'indices favorables.

Satisfaite, elle exécute la gigue des grandes circonstances, le ballet des jours solennels et pousse un cri d'appel qui éclate dans le silence du désert africain, comme un son de trompette. A ce signal, tout le clan des Grues, jeunes et mûres, accourt avec le tourbillonnement d'une valse et vient se ranger à ses côtés, dans l'ordre symétrique qui caractérise tout ce qu'elles font. Silence sur toute la ligne. On sent qu'il va se passer quelque chose.

La doyenne, alors, voyant tout le monde attentif, expose que les temps sont durs, que la verdure est rare, les marais desséchés et que les reptiles, comme conséquence, ont cherché refuge dans leurs retraites profondes et inaccessibles. Plus rien à se mettre *sous la dent*. Triste!

Mais il existe, de l'autre côté de la Méditerranée, des contrées bénies que le printemps, elle vient de l'apprendre à de certaines émanations subtiles, a revêtues de tapis de verdure illimités, de pelouses sans fin, où pullulent les ressources alimentaires les plus variées. Ces contrées regorgent de toutes sortes de bonnes choses et c'est là qu'on trouvera, à bec que veux-tu, escargots aux fines herbes, grenouilles sauce poulette, couleuvres à la tartare, fritures de lézards, rats truffés à la Périgord, etc., etc., nopces et festins!

Cette motion pleine de sens soulève sur toute la ligne un tonnerre de claquements de becs approbateurs...

Il s'agit maintenant de passer l'eau, si l'on veut profiter de ces agapes. Les canards l'ont bien passée! Pour tranquilliser les timides, pour décider les hésitantes, l'orateur ajoute que le voyage n'a rien de trop désagréable. De quoi s'agit-il après tout? d'une simple danse de caractère, d'un cotillon plus ou moins prolongé, lequel, commencé en Afrique, les conduira sans interruption jusqu'à la station désirée.

D'ailleurs, il souffle un vent debout favorable à la navigation aérienne, et il faut se hâter d'en profiter.

Ayant dit, elle tire de son corsage, comme preuve à l'appui, une plume que le vent du nord emporte. Cela fait, elle prend l'essor, ses deux plus vieilles lieutenantes la suivant à courte distance, une de chaque côté. La tête d'un triangle est ainsi formé, il s'ensuit chez le troupeau des Grues une envolée générale, mais une envolée sans confusion, une envolée symétrique, harmonieuse, terpsichoresque, comme tout ce qu'elles font, et au fur et à mesure se dessine dans l'air une immense figure géométrique, en forme de V, la pointe en avant.

De temps en temps, la commandante, qui tient la tête du V, affermit son bataillon de son cri d'encouragement : « Grou! grou! » fait-elle; à quoi le chœur des voyageuses répond : « Grou! grou! grou! »

C'est dans cet ordre chorégraphique et avec ces cris répétés qu'elles passent au-dessus de nos têtes; saluons leur passage comme le signe du retour du printemps.

A un moment donné, la Grue chef de file passe l'écharpe du commandement à sa voisine la plus rapprochée et va prendre la queue; celle-ci l'imite à son tour, et ainsi de suite. Cette évolution constitue la figure la plus connue du cotillon migrateur. Tenez pour certain qu'il y en a d'autres et des plus variées, mais elles se passent à une telle hauteur que les détails nous en échappent à cause de la distance. Tout ce que nous pouvons présumer c'est que la bonne ordonnance de la danse de caractère qui s'exécute au-dessus de nos têtes exige que la forme angulaire soit observée, et chacun de nous a pu remarquer qu'elle l'est rigoureusement.

De temps en temps, la grue qui tient la tête de colonne se détourne pour donner un ordre, commander une figure, rectifier un faux mouvement. Puis voyant son bataillon bien aligné, les figurantes fendant l'air d'une coupe savante; toutes, têtes en avant; toutes, jambes allongées; toutes, horizontales : « Ça va bien ! dit-elle, grou ! grou !.. »

LA CIGOGNE

La Cigogne est un échassier migrateur, bien connu en Alsace où il est en grande réputation. Comme la Grue avec laquelle elle a physiquement quelques points de ressemblance, elle traverse au printemps la Méditerranée pour nicher en Europe, puis retourne en Afrique à l'arrière-saison. Mais là s'arrête la comparaison. Comme mœurs, la Cigogne n'a rien à voir avec la Grue et n'a rien de commun avec les habitudes légères de cette demi-mondaine.

La Cigogne est une personne du vrai monde, une bonne mère de famille, fanatique du chez soi, et revenant fidèlement chaque année au nid qu'elle a construit, sur un clocher, sur une cheminée ou sur le sommet d'un édifice. Elle a su se faire en Alsace, sa contrée favorite, une excellente réputation et à Strasbourg elle est entourée de l'estime générale. Tout le monde respecte son nid et considère son voisinage comme un porte-bonheur. Déjà, dans l'ancienne Égypte, elle était vénérée presque à l'égal de l'Ibis, l'oiseau sacré par excellence.

Elle fait la guerre aux reptiles, aux mollusques, et à l'engeance des rats, des souris, des taupes et autres bêtes malfaisantes. Il lui

Un déjeuner de Cigogne.

arrive parfois, lorsqu'elle a de la famille et que les vivres sont rares, de capturer de tout petits lapins, mais on lui passe cette peccadille comme on excuse un malheureux qui dérobe un pain chez le boulanger pour ses enfants qui crient la faim.

La Cigogne s'apprivoise très volontiers, mais alors si on veut la tenir dans un parc, il faut l'éjointer ou lui couper les plumes d'une aile. De plus il convient d'entourer d'une palissade toute pièce d'eau dont les bords seraient trop escarpés. J'ai eu souvent l'occasion de voir, à Reims, chez M. B. F., grand amateur d'oiseaux et plus grand fabricant de biscuits, une Cigogne familière venant à l'appel et mangeant dans la main. J'ai appris depuis que cet intéressant échassier fut trouvé noyé un matin, dans le canal qui parcourt la propriété, et qui est à bords droits. La Cigogne ne sait pas nager.

LE HÉRON

« Au long bec, emmanché d'un long cou », mangeur de poissons, qu'il sait attendre avec une patience qui n'a d'égale que celle du

Héron pourpré.

pêcheur à la ligne. Le Héron est un échassier triste et morose. On en faisait grand cas au moyen âge, à cause du vol qu'il fournissait à la fauconnerie.

Dans l'état de nature, les Hérons se réunissent en troupe pour construire leurs nids au sommet d'un bouquet de bois de haute futaie, dans les endroits marécageux. Ces nids, rapprochés les uns des autres, figurent une sorte de village qui porte le nom de héronnière. On peut voir encore aujourd'hui une héronnière à Écury, près Châlons-sur-Marne.

Le plus beau spécimen de l'espèce est le Héron pourpré, dont la livrée a des reflets dorés du plus riche effet.

LE MARABOUT

Certes, Dumonteil ne l'a pas flatté!

... « De même que le Serpentaire fait la guerre aux reptiles, de même le Marabout s'attaque bravement à la charogne et combat l'ordure, dont il est à la fois le balayeur et le tombereau.

« On dirait un bohême du ruisseau. Jeune, il a l'air d'un vieillard; infatigable et vaillant, il semble décrépit; je ne sais quoi de déchu, de misérable et de honteux...

« Le Marabout est le grand chef de la salubrité publique en Orient.

« A Calcutta, à Mahé, à Chandernagor, à Pondichéry, on le rencontre dans les rues, sur les places, le long des quais, sur le seuil des portes; il va, il vient, attentif et préoccupé, tournant sur lui-même.

« Il n'est pas très séduisant : de grandes jambes grêles et déchaussées, vomissant de longs pieds plats; une sorte d'habit trop court aux basques étriquées; point de cravate, un grand cou nu; la tête chauve comme un œuf; un bec monstrueux qui semble de carton et tout agrémenté de verrues; la peau rugueuse toute plissée, et sur la poitrine une espèce de jabot qui ne sort pas des mains de la blanchisseuse.

« Qu'attend-il? Que l'on vide les ordures. Alors, de tous les coins surgit une nuée de Marabouts. Les voilà tous à l'œuvre : à chacun son tas. Regardez, il n'y a plus rien... Ah! les rudes ouvriers!...

« Le Marabout n'est pas seulement un directeur incomparable de la voirie : sous sa queue sordide, il porte un trésor, une fine et éclatante plume, le précieux *marabout.* »

Je n'ai jamais fréquenté de Marabout proprement dit; mais, à la lecture de ce qui précède, je n'ai pu m'empêcher de m'écrier : « C'est lui! c'est le pion Écrevisse! »

Le pion Écrevisse florissait, il y a quelque trente ans, à l'institution J*** et devait son surnom à cette circonstance que sa main gauche, mutilée, ne possédait d'autres doigts que le pouce et l'auriculaire, ce qui lui formait une espèce de pince.

Le Marabout.

Ceux d'entre nous qui ont connu ce pauvre diable ne peuvent l'avoir oublié, car sa voracité insatiable, presque inquiétante, était pour les élèves un sujet d'étonnement toujours nouveau.

Au réfectoire, après avoir mangé comme quatre, le pion Écrevisse avait pour coutume, à la fin du repas, de rafler tout ce qui restait sur la table. Les morceaux de pain allaient s'engloutir comme d'eux-mêmes sous les basques de son habit.

Quant aux autres victuailles d'un transport moins facile, un gros croûton de pain, réservé *ad hoc*, était creusé, au couteau, en forme d'écuelle, et dans ce croûton il empilait à la cuiller : riz bouilli, pommes de terre, haricots, ratatouilles, etc., suivant le menu du jour.

Ainsi lesté, le pion Écrevisse venait présider la salle de retenue, ce qui était sa spécialité.

Là, il mangeait, ce malheureux, sortant de table. A peine installé, il se mettait à l'œuvre; en un clin d'œil, ses provisions avaient disparu. Vous regardiez, il n'y avait plus rien... « *Ah! le rude ouvrier!* »

Je ne sais si, comme le Marabout, sous son habit crasseux, il portait un trésor. Je me souviens seulement que cet habit était toujours scrupuleusement boutonné comme s'il en cachait un.

Son jabot sortait-il des mains de la blanchisseuse?... C'est un point que nous n'avons jamais pu éclaircir.

Avait-il seulement une chemise?... Peut-être!...

LES OUTARDES

L'apparition de l'Outarde dans certaines contrées est chose rare, tellement rare qu'à la première rencontre plus d'un chasseur pourrait se trouver pris au dépourvu, et négliger de tirer un gibier qui est, certes, digne du coup de fusil.

L'Outarde, de même que la Caille, nous vient de l'Afrique, par voie de migration. Elle traverse la Méditerranée fin mars et se répand, chez nous, dans les grandes plaines de la Beauce et surtout dans celles de la Champagne, où elle niche, élève ses petits, et d'où elle repart fin septembre, avec les sauterelles, dont elle paraît faire sa nourriture favorite.

L'Afrique possède plusieurs espèces d'Outardes, mais les seules qui émigrent en Europe sont la grande et la petite Outarde, celle-ci plus connue sous le nom de *Canepetière*, probablement à cause de ses ailes, articulées et coudées comme celle du Canard, et de l'agilité de ses pieds, qui l'a fait classer dans l'*Ordre des coureurs*. Il est de fait que l'Outarde, comme l'Autruche, est une vélocipédiste de premier ordre.

Les sujets de grand format ne se rencontrent guère en abondance qu'en Hongrie; pourtant, on en signale presque tous les ans quelques rares échantillons dans les environs de Châlons-sur-Marne.

Les spécimens aperçus dans nos plaines appartiennent à la petite espèce. Quand je dis petite espèce, n'allez pas croire qu'il s'agisse d'un gibier minuscule. La Canepetière est presque de la grosseur d'une poule de basse-cour et pèse bien encore ses trois ou quatre livres. C'est vous dire si elle vaut le coup de fusil.

La tête de l'Outarde est aplatie, bien plantée sur un cou mince, allongé, flexible et très élégant.

Le bec est droit, pointu, fendu jusqu'aux yeux, ce qui permet à l'oiseau d'avaler des proies d'une certaine dimension : souris des champs, petits escargots ou autres; les narines, ovales, s'ouvrent de côté, vers le milieu du bec.

L'attitude du corps est horizontale; la queue, courte et droite.

L'ensemble de la livrée est blanc sur la poitrine, sous les ailes et sous le ventre; roux clair sur la tête, le cou et le dessus des ailes.

Quant à la mission de ce curieux oiseau, qui paraît avoir pour spécialité la chasse aux sauterelles, ce fléau africain, elle semblerait avoir été indiquée en termes très intelligibles par les tatouages imprimés en lignes noires sur l'ensemble de sa livrée et figurant comme un salmis de débris de sauterelles.

Son plumage, en effet, est ornementé d'un dessin... ou plutôt... — ces lignes noires, brisées, hachées en zigzag, est-ce bien un dessin? J'y crois voir, pour mon compte, une écriture hiéroglyphique et comme l'expression écrite de la pensée du grand dessinateur.

Étant admis que tout ici-bas a sa raison d'être et que rien d'inutile n'a été créé, il semble, à première vue, qu'il suffisait de donner à l'Outarde son manteau roux couleur de terre. C'était un

La grande Outarde.

moyen, pour cet oiseau sans défense, d'échapper, en se rasant, à la vigilance de son ennemi. Alexandre Dumas père, par une imitation assez réussie de cette manière de faire, couvrait les épaules de ses personnages en expédition nocturne de manteaux *couleur muraille*. Mais il n'écrivait rien dessus. Pourquoi, sur la livrée de l'Outarde, des signes écrits et comme accentués, çà et là, de points symétriques?

Un jour viendra peut-être où un autre Champollion, trouvant la clef de ce langage symbolique, nous donnera quelque traduction de ce genre :

« En ce temps-là

« Le monde courut un grand danger,

« Et j'appelai à moi les outardes;

« Et je dis aux outardes :

« Outardes korhaan, nubiennes, barbues, rhaad, passerages, houbaras, canepetières,

« Oyez ceci :

« Dans ma sollicitude pour l'homme, j'avais créé la sauterelle, « cette manne des pays incultes, cette crevette des déserts africains.

« Or, il est venu un jour où l'homme d'Afrique, — ce fils de Caïn, « — dédaignant l'insecte, a osé se repaître... (voile-toi la face, ô mon « soleil!...) d'un cuissot de son semblable.

« Mais alors la sauterelle dédaignée pullule et se multiplie au point « de mettre en péril le monde que j'ai créé.

« C'est pourquoi je vous ai appelées, outardes mes filles, afin de « rétablir l'équilibre.

« Je vous donne pour mission l'extermination des sauterelles, œdi« podes et criquets.

« A ces fléaux vous ferez une guerre sans merci.

« Voici de longues jambes à ressort, des pieds agiles pour les pour« suivre.

« Voici un bec pointu pour les saisir.

« Le criquet voyageur, ouvrant ses ailes au vent, osera franchir « les mers.

« A sa suite vous franchirez les mers.

« Voici de longues ailes coudées qui vous porteront sur l'autre « rive.

« Craignez l'homme, — un sot animal, un panneauteur, un bra« connier.

« Ne quittez pas les grandes plaines et vivez en troupes nombreuses pour mieux vous garder.

« Voici un long cou qui vous permettra d'apercevoir de loin l'en« nemi.

« Sur ce,

« Gare à l'homme, et maintenez vos distances.

« Sus aux sauterelles!

« Allez, mes filles.

« J'ai dit. »

Je ne prendrais pas sur moi de garantir que cette traduction sera exactement celle donnée quelque jour par les chercheurs; mais ce qu'il y a de constant, c'est que la poursuite des insectes classés sous la dénomination générale d'orthoptères; sauterelle verte, criquet voyageur, œdipode migrateur, cigale, dectique, etc., etc., paraît être l'occupation presque exclusive et comme l'objectif incessant des diverses Outardes et notamment de l'Outarde canepetière.

Cet oiseau quitte l'Afrique fin mars, et sa présence dans nos pays coïncide avec la première apparition des sauterelles. Puis, vers la fin de septembre, dès que le refroidissement de la température contraint

Outarde barbue. (Mâle et femelle.)

le criquet d'émigrer et le pousse vers l'Algérie, la Canepetière s'envole à sa suite et traverse la Méditerranée.

Dans l'intervalle, elle niche chez nous et y élève ses petits. C'est au mois d'avril que les Canepetières prennent un autre aspect.

Le mâle étale à la vue de ses femelles les plumes de sa queue et de ses ailes. Il tourne autour d'elles, se gonfle et fait la roue à sa manière.

Le mâle prend alors ce qu'on appelle la livrée de noces, c'est-à-dire un double collier noir et blanc, qu'il perd à la mue de l'automne.

Mes relations avec l'Outarde canepetière datent de 1876, époque à laquelle je pus élever un petit troupeau de six sujets de l'espèce. A cette époque j'habitais la Champagne, et il me fut facile de me procurer quelques œufs au moment de la fauchaison des prairies artificielles.

La ponte de la petite Outarde a lieu en mai, comme celle de notre Perdrix. Elle est ordinairement de quatre à cinq œufs au plus, d'un beau vert et de la grosseur d'un œuf de petite poule. La durée de l'incubation est de vingt-et-un à vingt-deux jours.

L'incubation et l'éducation à domicile est confiée à une poule de basse-cour, et l'on procède, en pareille matière, absolument suivant la méthode adoptée par plusieurs amateurs, que nous voyons élever, tous les ans, des Perdreaux et des Faisandeaux pour la volière ou pour la chasse. Seulement, il y a durant les premiers jours qui suivent la naissance, une précaution particulière à observer. A l'état naturel, l'Outardeau, est inhabile à ramasser à terre sa nourriture; il cueille au bec de sa mère sa subsistance : petites sauterelles, petits vers, etc. Il faut donc, dans ce cas, suppléer à l'insuffisance de la poule éleveuse que cette particularité déroute, et qui se borne à éparpiller la nourriture en poussant des cris d'appel. C'est à l'éleveur à venir à son secours, et durant les premiers jours on offre aux Outardeaux, au bout d'une aiguille à tricoter ou même au bout des doigts, comme le ferait leur mère aux champs, des insectes : vermisseaux, grillons de boulanger, sauterelles, petits morceaux de viande, salade hachée, etc.

Ne perdant pas de vue que les petits cadeaux entretiennent l'amitié, il est bon d'aborder les élèves avec des distributions de friandises : menus escargots, vers de terre, souris prises au piège; et alors ils accourent à vous, leurs grandes ailes étendues et poussant leur cri de convoitise : *Krra! Krra! Krra!*

Mais ils montrent une préférence marquée pour la sauterelle. Présentez à vos élèves une de ces grosses sauterelles vertes, terminées par un sabre, qu'on rencontre à l'époque des moissons; elles se l'arrachent, puis viennent explorer vos doigts pour y glaner quelque débris de patte brisée, d'aile, de tronçon de sabre ou quelque autre menu effet d'équipement.

Il est entendu qu'il s'agit ici de l'Outardeau élevé en captivité. Quant à l'autre, celui des plaines de la Beauce ou des plaines de la

Champagne, c'est une autre affaire. Eussiez-vous les mains pleines de sauterelles armées de sabres et même de fusils Lebel, je puis vous certifier qu'à moins de surprise il est à peu près impossible de les approcher à bonne portée.

Ses jambes d'échassier, fines et nerveuses, font qu'il est doué d'une grande vitesse et susceptible de fournir de longues traites sans se

Les Canepetières.

servir de ses ailes autrement que pour accélérer sa course. Il ne se décide à prendre son essor que lorsqu'il est poursuivi par quelque ennemi ou lorsqu'il émigre. Encore, pour s'élever de terre a-t-il besoin d'élan et de parcourir préalablement un certain espace, les ailes étendues.

La méfiance des Outardes est extrême, et, comme elles vivent en troupeaux, une ou plusieurs d'entre elles, à tour de rôle, sont chargées d'explorer la plaine et veillent avec le plus grand soin, le cou tendu. Le cri d'alarme est une sorte de miaulement.

Mais, si l'Outarde apporte la plus grande attention à maintenir ses distances avec l'homme, et avec son auxiliaire le chien, elle ne nourrit pas la même méfiance vis-à-vis des bestiaux de la ferme : bœufs, chevaux, moutons. Cette particularité est souvent mise à profit par les chasseurs champenois, qui parviennent à l'approcher avec mille précautions en se faufilant et en s'abritant derrière des troupeaux.

La chair de l'Outarde canepetière est une chair serrée, dont la saveur rappelle, avec un degré de venaison moins prononcé, celle du faisan.

La petite Outarde pourrait-elle supporter la rigueur de nos hivers? Assurément, car elle est bien vêtue, et il ne manque pas d'exemples de sujets tués ou capturés chez nous durant la saison froide. Seulement, il est bon d'ajouter que ceux qui restent dans nos climats n'y restent pas de leur plein gré.

Nous avons vu que les grands convois migrateurs traversent la Méditerranée, vers la fin de septembre. Mais tous les oiseaux ne partent pas. Il nous reste les faibles, les blessés, les éclopés, les tardillons ou sujets des dernières couvées, auxquels les forces ont fait défaut, tous ceux, en un mot, qui ont *manqué le train.*

On comprend parfaitement leur répugnance à rester chez nous durant la saison rigoureuse, car, pour ces déclassés, plus de sauterelles. Voici à quoi se réduit leur menu :

Il se compose :

1° De petites souris des champs;

2° De la verdure des seigles qu'ils déterrent sous la neige;

3° De leur graisse acquise;

4° De bric et de broc;

5° Le plus souvent, d'un coup de fusil, dont ils meurent.

LA POULE D'EAU

Un oiseau que je m'étonne de ne pas voir plus répandu dans les volières, c'est la Poule d'eau.

Rien d'original, d'élégant, de gracieux, de coquet, comme ce petit échassier, si facile à apprivoiser, si accommodant sous le rapport de l'installation, sous celui de la nourriture.

Son vrai milieu est le marais avec ses roseaux, ses nénuphars, sa végétation flottante aux tiges enchevêtrées où fourmillent les insectes dont elle se nourrit : petites sangsues, crevettes d'eau douce, larves de libellules, dytiques, phryganes, hydrophiles, punaises d'eau, etc., etc.

C'est au marais ou dans les coudes formés par les cours d'eau que vous la surprenez, le plus souvent le matin dès l'aube ou le soir après le coucher du soleil, nageant sans bruit, et, dans la saison chaude, suivie de la flottille de ses poussins. Elle les rallie à sa portée par un petit cri, auquel ceux-ci répondent de leur mieux par une note aigre, qui ressemble à un miaulement.

A la moindre alerte, elle file avec rapidité vers le massif de joncs le plus proche, où elle disparaît en plongeant ainsi que toute sa bande. Alors, le corps sous l'eau, la tête cachée sous une feuille flottante, le petit troupeau observe, invisible, et ne reparaît que quelques minutes plus tard, lorsqu'il juge que tout danger est passé.

Mais la Poule d'eau est amphibie et sa double nature lui permet de s'accommoder volontiers d'un mode d'installation moins aquatique.

J'ai connu une Poule d'eau appartenant à un marchand des quatre-saisons, qui a vécu des années dans une simple cage à tourterelles, pourvue d'un plat d'eau, juste suffisant pour ses ablutions.

Chez votre serviteur, l'installation comporte une miniature de bassin construit en briques, de 80 centimètres de diamètre, disposé au milieu d'une petite pelouse plantée d'arbustes verts et entourée d'une allée de gravier.

Dans un semblable milieu, si différent de ses conditions naturelles, la Poule d'eau sait s'arranger de façon non seulement à vivre en santé, mais encore à reproduire sous les yeux de l'amateur. Seulement, ici, la poursuite des insectes aquatiques est remplacée par la chasse aux vers de terre, aux limaces, aux petits mollusques. L'insuffisance de cette nourriture est complétée par la verdure de la pelouse, qu'elle broute volontiers, et par les menus grains, la mie de pain, la salade hachée qu'on veut bien lui dispenser.

Rien de coquet comme son allure sur le sol de la volière. Elle semble éviter avec le plus grand soin de tacher sa robe, sorte de livrée de soie noire reposant sur une jupe d'une blancheur éclatante. Aussi, chacun de ses pas est-il scandé par un hochement de sa queue blanche, déployée en éventail, qu'elle a soin de relever jusqu'au niveau de la jarretière, avec toutes les précautions de la plus exquise propreté.

Est-ce à la Poule d'eau que nous sommes redevables de l'invention du relève-jupes? — Certes, je ne voudrais pas le prétendre, mais je parierais volontiers que c'est elle qui a donné la première idée de cet utile accessoire.

La seule chose qui dépare la Poule d'eau, ce sont ses pieds. Pourquoi ces doigts d'une longueur démesurée? J'en ai demandé la raison à d'éminents naturalistes, et il paraît qu'il fallait qu'il en fût ainsi, parce que, appelée par la nature à circuler sur un milieu de plantes flottantes ou sur un sol limoneux pour y chercher sa subsistance, de petits pieds ne feraient point son affaire.

J'ai dit tout à l'heure qu'il ne tient qu'à nous de faire de la Poule d'eau l'un des hôtes familiers de nos volières d'agrément, et j'ai déjà traité, dans l'*Aviculture*, de l'éducation de ce charmant oiseau. Mais alors il s'agissait de l'éducation artificielle, obtenue à l'aide d'œufs pris en rivière et déjà plus ou moins couvés, que j'avais confiés à l'une de mes poules nègres.

Cette sorte d'éducation laissait nécessairement dans l'obscurité une foule de points qu'il est intéressant d'élucider, à savoir :

La durée précise de l'incubation des œufs de la Poule d'eau;

Le mode d'éclosion, simultané ou à intervalles;

Le rôle du mâle durant l'incubation;

La conduite des jeunes après l'éclosion, etc., etc.

Autant de problèmes qui demandent à être résolus, pour éviter à l'amateur les tâtonnements et les mécomptes inséparables de tout élevage mal connu.

L'éducation en volière, calquée autant que possible sur l'état de liberté, peut seule nous donner la solution cherchée.

Nous allons, pour bien nous renseigner, prendre un couple de Poules d'eau, l'enfermer dans le compartiment pourvu d'un petit bassin dont j'ai donné la description et le faire travailler sous nos yeux.

Au préalable, il est dans les usages que je vous présente les sujets.

Le couple soumis à notre étude se compose d'un mâle très familier, *âgé de onze ans*, point à noter, et d'une femelle, acquise par moi du Jardin d'acclimatation au printemps de 1879, dont l'âge m'est inconnu. Cette femelle était fort sauvage : aussi la première année fut-elle nulle comme produits. Deux œufs pondus cependant, à intervalles, me donnèrent l'assurance que l'oiseau n'était pas stérile et je conçus quelque espoir pour l'avenir. L'essentiel était d'amener d'abord le sujet à perdre de sa sauvagerie.

De bons soins et surtout la fréquentation du mâle qui, lui, était familier au possible, amenèrent en partie ce résultat, et, le 20 mai 1880, un premier œuf était trouvé dans une boîte revêtue d'un petit toit, disposée au bord du bassin et pourvue d'une entrée à l'exposition du midi. L'entrée de cette boîte avait été obstruée par de petites branches disposées par l'oiseau ; l'œuf reposait sur un lit de feuilles sèches et de brindilles.

Le lendemain, 21, deuxième œuf.

A dater de ce moment, on évita de passer à proximité, et le nid fut respecté, pour ne pas dépiter l'oiseau.

Le 24 mai, la femelle Poule d'eau ne parut plus; elle couvait.

Tant que dura l'incubation, le mâle, tout en vaquant à sa nourriture, se tenait à portée de sa compagne, l'avertissant par un cri particulier dès qu'on approchait. Il est à présumer qu'il assistait la couveuse à sa manière, car de jour en jour l'entrée du réduit occupé par celle-ci se calfeutrait de plus en plus au moyen de feuilles sèches et même de tiges d'herbes vertes qu'il apportait aux heures où il n'était pas surveillé.

Malheureusement, au cours de l'incubation, une porte mal fermée permit à un chat de s'introduire dans la volière, et le 11 juin, au matin, le pauvre mâle périssait étranglé au moment même où l'on volait à son secours.

Le 14 juin, au matin, la couveuse était sortie du nid, suivie de trois jeunes, trois petites boules de soie noire à tête bleue.

L'incubation, commencée le 24 mai, avait duré *vingt et un jours.*

Le nid, visité ce jour-là, contenait encore un petit, mort sur les œufs, un autre mort en bêchant sa coquille, un œuf clair et quatre œufs refroidis que je confiai sur-le-champ à l'une de mes poules couveuses.

La ponte avait été de *neuf œufs.*

Quant au nid lui-même, assis à l'origine sur un lit de brindilles, il s'était élevé progressivement au cours de l'incubation au moyen de matériaux apportés sans doute par le mâle : feuilles sèches, tiges d'herbe, etc., au point d'atteindre à peu près le plafond de la boîte et de donner un volume équivalant à celui d'une demi-botte de foin. Les œufs étaient disposés tout au haut. Il est présumable que l'instinct des oiseaux les portait à construire, en cas d'inondation, une sorte de demeure destinée à flotter, et que la femelle, au cours de l'incubation, par le jeu de ses pattes, de ses ailes et de son bec, faisait remonter ses œufs d'un degré au fur et à mesure.

Le 16 juin, l'un des quatre œufs refroidis donnait une éclosion; les autres suivirent à intervalles et la dernière éclosion avait lieu le 20 juin.

Il semble résulter de ce qui précède, le premier des neuf œufs ayant été pondu le 20 mai et l'incubation ayant commencé le 24, *que la ponte avait continué au cours même de l'incubation*, ce qui explique l'irrégularité des naissances et l'éclosion des premiers œufs effectuée six jours au moins avant l'éclosion des derniers.

Il est présumable, l'accident arrivé au mâle de la Poule d'eau ne pouvant permettre que des conjectures, que sans cet accident le mâle

La Poule d'eau.

aurait assisté la femelle en se chargeant de la conduite des premiers nés, ainsi que cela a lieu chez certaines espèces, pendant que celle-ci aurait continué son travail d'incubation.

Ce travail se trouva forcément interrompu par suite de ce que les premiers nés, sollicités par la faim, mirent leur mère dans la nécessité de les sortir pour vaquer à leur nourriture, et d'abandonner le reste de ses œufs à leur malheureux sort.

Nous venons de voir que l'éclosion avait eu lieu le 14 juin au matin.

Le bac fut aussitôt rempli de lentilles d'eau jusqu'au bord, et un plat de pâtée (œufs durs, mie de pain, laitue hachée, grains de millet) fut disposé au bord du petit bassin.

La première journée ne donna lieu à aucune observation particulière; mais, le lendemain 15, je surpris les trois jeunes flottant avec leur mère dans le petit bassin, et fourrageant la plante aquatique. Dès qu'ils s'apercevaient de ma présence, les oisillons, avertis par leur mère, quittaient le bac en toute hâte et disparaissaient dans l'herbe de la pelouse où ils demeuraient blottis. De son côté, celle-ci se sentant observée, s'éloignait avec affectation, traçant un sillage dans la verdure, et se laissait apercevoir fuyant dans une direction opposée.

Une minute après, les petits la rappelaient, de leur petit cri aigre; et il est probable qu'ils ne tardaient pas à la rallier, sans se laisser voir, car, quelques instants après, les cris avaient cessé.

Dès le 18 juin, ils commençaient à chercher seuls leur nourriture, sans l'assistance de la mère.

L'éducation se poursuivit sans encombre et assez rapidement, mais je ne pouvais observer mes élèves que de loin en loin et comme par surprise, leur mère ayant conservé et leur ayant inculqué une partie de sa sauvagerie. A l'âge de six semaines, ils étaient emplumés et déjà à moitié taille. Je pus me convaincre, par leurs laissées, qu'ils passaient la nuit perchés sur les branches des petits sapins dont leur volière était pourvue.

Les lentilles d'eau furent supprimées ainsi que la pâtée à faisans qui avait été leur première nourriture, et, dès le mois d'août, je me bornai à leur jeter, à travers la volière, de la criblure de blé, qui, avec les vers et la verdure qu'ils trouvaient d'eux-mêmes dans leur compartiment, leur constituait un ordinaire très suffisant. Je pus remarquer seulement qu'ils donnaient la préférence au grain lorsqu'il était germé.

Cette étude, par suite de l'accident survenu, par suite aussi de la sauvagerie des sujets observés, n'est pas aussi complète que je l'eusse désiré; mais, telle qu'elle est, elle renferme des données qui, je crois, pourront être utilisées par des amateurs désireux de se livrer à l'éducation de la Poule d'eau. Le point essentiel serait de se procurer des types suffisamment familiers, et c'est un point qu'il serait facile d'obtenir en élevant soi-même les sujets destinés à la reproduction, avec l'aide d'une poule bien apprivoisée, une négresse par exemple.

La Poule d'eau, en somme, est un oiseau très rustique, très résistant; elle ne demande aucun des soins minutieux indispensables à la plupart de nos oiseaux de volières, et elle est d'un excellent effet sur une pelouse et sur un bassin.

La plupart des naturalistes considèrent comme des variétés de la Poule d'eau.

La *Judelle*, qui n'en diffère guère que par sa taille, qui est plus grande, et par une tache blanche placée au-dessus du bec.

Le *Râle d'eau* et la *Marouette*, qui sont de taille inférieure. Tous ces oiseaux ont les mêmes habitudes, habitent le même milieu et se nourrissent de même.

LA MAROUETTE

Le nid de la Marouette repose sur un fond solide et n'est pas flottant et fixé par une tige de jonc comme quelques-uns l'ont prétendu. A mesure que l'eau monte, s'il y a crue, le père et la mère charrient des herbes sèches et s'arrangent de manière à exhausser le berceau dans lequel reposent leurs œufs, en prenant ce berceau en sous-œuvre sans rien déranger de sa structure ni de son contenu; de sorte qu'une fois les eaux retirées, le nid se trouve surélevé quelquefois d'un ou deux pieds au-dessus du niveau primitif.

On ne chasse pas volontiers ces oiseaux au chien d'arrêt, parce que leur mode de défense est fait pour rebuter le meilleur chien. Ils

Le nid de la Marouette.

ne s'envolent qu'à la dernière extrémité. Leur tactique consiste à plonger, à se raser, à rabattre leurs voies, revenir en arrière, en un mot à mettre en défaut la sagacité de leur ennemi. Le chien cocker, qui n'arrête pas, est tout indiqué pour ce genre de chasse.

LA BÉCASSE

La Bécasse, le rêve du chasseur au chien d'arrêt, est l'un des représentants les plus connus de l'Ordre.

D'Houdetot l'a célébrée en ces termes : « Oiseau divin, énigme populaire, que le plus blasé des chasseurs n'aperçoit jamais sans ressentir à l'artère la plus proche du cœur quelques-uns de ces battements qui réveillent à la fois tous les sens engourdis, salut! »

La Bécasse est un gibier errant et capricieux. Vers le mois de novembre, et si elle n'éprouve pas d'accident de voyage, elle vient demander l'hospitalité pour un temps plus ou moins long, aux parties marécageuses de nos bois, qui constituent son couvert, car c'est une grande mangeuse de vers, que son long bec sait trouver dans les vases, les terres détrempées, les bords des sources, et aussi dans la pulpe des champignons.

La légende qui représente la Bécasse comme une bête obtuse et sans cervelle est absolument mensongère, comme la plupart des légendes.

Il y a chez la dame au long bec l'étoffe d'une bonne mère de famille, experte à conduire ses jeunes dans les bons endroits, et d'une créature rusée, donnant du fil à retordre au meilleur chien d'arrêt, habile à profiter des obstacles pour protéger sa fuite et à abriter son vol en interposant un tronc d'arbre entre elle et le plomb du chasseur.

Un naturaliste suédois, qui a fait une étude spéciale de la Bécasse, nous la montre pleine d'un dévouement très intelligent lorsqu'il s'agit de dérober ses poussins à la poursuite du chien ou du renard. Dans ce cas, elle saisit un de ses petits entre ses pattes et fuit en rasant la terre et en attirant à elle l'ennemi par ses cris et le vol mal assuré d un oiseau blessé; puis, lorsqu'elle a suffisamment éloigné le danger, elle fuit à tire d'aile, dépose son bébé dans un endroit solitaire et successivement va chercher tous les autres pour les réunir au premier et dépayser le ravisseur.

La Bécasse sait opposer au chasseur une défense savante et lorsque pour son malheur elle succombe, sa capture n'est pas le fait d'une mazette, tant s'en faut.

Quant à sa valeur comestible, elle est un des rares oiseaux, un des

Une famille de Bécasses.

rôtis privilégiés qui ne se vident pas. C'est le plus grand éloge qu'on puisse lui décerner à ce point de vue.

LA BÉCASSINE

Une autre mangeuse de vers, non moins estimée des gourmets, que l'on sert à table fort à l'aise sur une rôtie, et qu'il n'est pas dans les usages de vider sous peine de commettre une hérésie, c'est la Bécassine.

Par la longueur de son bec, par la recherche de sa nourriture, par l'ensemble de sa conformation, la Bécassine a plus d'un point de ressemblance avec la Bécasse, dont elle est comme un diminutif, à cela près qu'au lieu d'établir sa résidence sous bois, elle fréquente les marécages et les bords des étangs.

Habitant des milieux découverts, elle a dû adopter des moyens de défense appropriés, et sa tactique consiste, dès qu'elle est éventée par le chien, à partir comme une flèche, puis, dès qu'elle est en hauteur, à exécuter dans son vol une série de crochets très difficiles à suivre et qui font le désespoir du chasseur; après quoi, et dès qu'elle a essuyé le feu, la plupart du temps sans dommage, elle file à tire d'aile.

Il existe une foule d'autres petits échassiers, habitués des marais, du voisinage des rivières et des bords de la mer et même des grandes plaines : Barges, Pluviers, Chevaliers, Courlis, Avocettes à bec convexe, dont la courbure semble un défi à celle du bec du Courlis, qui est concave, Bécasseaux et autres.

De tous ces échassiers, je ne retiendrai que trois types, intéressants en ce qu'ils peuvent être utilisés dans les potagers à titre de mangeurs de vers, de petites limaces, de petits escargots et de chenilles, de toutes les bestioles, en un mot, qui sont la plaie du jardinage.

LE COMBATTANT

A ce titre, le Combattant ou Chevalier Combattant, ainsi nommé parce que, dans certaine saison, il est constamment en posture de combat, les plumes de la poitrine hérissées et formant plastron, le long bec en attitude d'attaque et de défense, comme une flamberge au vent, le Combattant, dis-je, est un petit échassier très utile

La Bécassine.

dans un jardin légumier, en même temps que très amusant à observer.

Combattant.

LE VANNEAU

Le plus connu de la famille est le Vanneau huppé, qui niche, au printemps, dans les contrées humides de l'Europe, notamment en Hollande. Ses œufs ont une grande réputation auprès des gourmets et sont recherchés par le commerce parisien; vous pouvez en voir, dans la saison, des quantités exposées aux étalages des marchands de comestibles.

A l'état libre, le Vanneau est très méfiant et difficile à approcher. On le capture la nuit à l'aide de grands filets connus sous le nom de halliers, où il va s'empêtrer et d'où il ne peut se déprendre. Dès le mois d'avril, les marchés un peu importants en sont toujours approvisionnés et il est facile de se procurer à bas prix cet oiseau vivant.

On le lâche au jardin après lui avoir coupé les plumes d'une aile pour l'empêcher de s'échapper; et, chose singulière, dès qu'il s'est rendu compte qu'on ne lui veut pas de mal, ce volatile si sauvage s'apprivoise instantanément et se met de suite à l'ouvrage, frappant du pied la terre pour amener les vers à sortir à la surface, et les happant avec un joyeux « *Pi-ouït* » qui est son cri habituel, et qui exprime, avec des nuances, ses divers états d'esprit : joie, peur, colère, etc.

L'hiver, lorsque la gelée a durci la terre et lui coupe les vivres, on peut le conserver vivant en lui donnant à manger de la viande crue hachée fin.

Le Vanneau (*Vanellus*) paraît avoir tiré son nom, dans notre langue et en latin moderne, du bruit que font ses ailes en volant et qui est assez semblable au van qu'on agite pour nettoyer le grain.

Le hallier.

Les Vanneaux.

L'ŒDICNÈME

Un mangeur d'insectes très intéressant, et dont, un jour ou l'autre, on finira par utiliser les aptitudes dans les jardins, est l'*Œdicnème*, baptisé par les savants du nom d'*Œdicnème criard*, à cause de son cri aigre et peu harmonieux.

L'Œdicnème est un petit échassier coureur qui habite les plateaux déserts et incultes, d'où il descend le soir, ou lorsque le temps se met à la pluie, en poussant un cri pouvant se traduire par ces deux mots : « *Tur-luit! — Tur-luit.* » D'où le surnom de *Turluit* qu'on lui donne dans les campagnes. Les prairies basses, réceptacle de vermisseaux, de limaces, d'escargots, constituent son meilleur garde-manger.

Il y a quelques années, je pus me procurer deux œufs d'Œdicnème, trouvés dans un trou informe entre deux mottes de terre, et j'en confiai l'incubation à une poule négresse très douce. L'un des deux œufs seulement amena une éclosion, et je pus contempler le petit Œdicnème au sortir de sa coquille. Eh bien, il n'était pas beau.

Oh ! non, il n'était pas beau.

Figurez-vous une tête plate, énorme, couchée sur un corps aplati, auquel elle est soudée par un long cou recourbé, le tout accroupi sur deux jambes d'échassier repliées sur elles-mêmes et terminées chacune par trois doigts. Avec cela, deux yeux de faïence, ronds comme le cadran d'une horloge, d'une fixité étrange; la livrée gris cendré. En un mot l'aspect, la couleur, l'immobilité du crapaud en forme. Cette petite horreur fut baptisée du nom de *Quasimodo*, lequel lui allait comme un gant.

Tel est l'Œdicnème au sortir de l'œuf.

Son vêtement des premiers jours est une robe non soyeuse, comme celle du poulet ou du faisandeau, mais de gros velours de coton, d'une sorte d'étoffe grossière et feutrée, avec des raies noires longitudinales : l'étoffe rayée de la limousine du berger.

Sa démarche, dans la première enfance, est indécise, hébétée, titubante; on voit que le jeune oiseau a peine à s'habituer à ses échasses, auxquelles il devra plus tard d'être un coureur de premier ordre.

Il est myope. L'éclat du grand jour le fatigue. A l'âge adulte, il ne sortira que par un temps sombre ou au crépuscule. C'est à ce moment de la journée que vous l'entendrez descendre les coteaux avec son cri caractéristique de « *Tur-luit! — Tur-luit!* » — Mais n'anticipons pas.

Nous venons de voir qu'il a la vue basse, et le Créateur lui devait, en bonne conscience, une paire de lunettes : aussi, une ligne bien tranchée, noire chez le jeune oiseau, puis blanche après la mue, passant au-dessus du bec (son nez à lui), puis venant encadrer l'œil et se prolongeant jusque derrière l'oreille, figure à s'y méprendre l'instrument d'optique en question et semble indiquer qu'effectivement telle a été la première pensée de la nature. Seulement, la paire de lunettes n'a été qu'ébauchée; l'intention est restée à l'état de projet et n'a pas été suivie d'exécution.

Nous devons présumer qu'il a été sans doute considéré, — étant donnée l'extrême voracité de l'oiseau coureur, — qu'une trop grande clairvoyance chez lui eût mis en péril de destruction complète plusieurs ordres d'êtres créés : mollusques, gros insectes, reptiles, petits mammifères, etc., etc. — Il faut bien que tout le monde vive!

Vers l'âge de trois semaines, le jeune *Quasimodo* commença à se développer et à prendre tournure.

La structure de l'Œdicnème lui donne quelque ressemblance avec l'Outarde canepetière; mais il est plus petit, de forme plus allongée, l'attitude du corps tout à fait horizontale dans l'action, oblique ou accroupie au repos.

Je pus juger bientôt de sa voracité et de la puissance de son estomac.

Désireux de l'apprivoiser et me souvenant que les petits cadeaux entretiennent l'amitié, je ne sortais jamais au jardin ou dans les prés sans lui rapporter quelques chatteries. Je lui jetai, un jour, un énorme ver de terre; il se trouva que le lombric, en se tordant, se prit dans un brin de paille, et, comme mon glouton l'avalait par la tête et par la queue tout à la fois, la paille se trouvant par le travers, il devait fatalement se trouver bridé.

L'Œdicnème criard.

— Mais, imbécile, tu vas t'étrangler!

Ah! bien, oui! Une contraction, deux contractions, la paille plie à l'entrée du bec et disparaît dans le gosier de l'oiseau, pêle-mêle avec le ver. Cela fait, Quasimodo exécute un haut-le-corps, mouvement qui lui est familier, fait frétiller sa queue en signe de satisfaction et, fixant sur moi ses yeux de faïence, semble me dire :

— Eh bien, quoi! ta paille, tant pis pour elle, fallait pas qu'elle y aille!

A son estomac de régler ce compte! Pour lui, il semble que cela ne le regarde pas.

Ce début promettait.

Un matin, je capturai dans une souricière quatre petites souris. Je les occis au préalable et les lui présentai.

Une! deux! trois! quatre! Le temps de prononcer ces nombres, les quatre souris étaient passées du sol du parquet dans le jabot de l'oiseau, sorte de sac de la plus élastique complaisance.

Une autre fois j'apportai une poignée de ces petits escargots jaunes, si abondants dans les jardins les jours de pluie. Il les avala avec la coquille sans les extraire ni les briser, un à un, méthodiquement, et les mollusques tombaient au fond du jabot avec un petit bruit sec, comme des noisettes tombant au fond d'un sac.

Une chenille de gros paon de nuit, à la peau garnie de poils qui sont autant d'épines, fut avalée comme une fraise. De grosses sauterelles vertes, aux longues pattes griffues, défendues par toutes sortes d'aspérités épineuses passaient sans difficulté. Il avalait sans avoir tué ni dépecé, d'un trait. Le gosier, d'une élasticité indéfinie, opérait une contraction, et les sauterelles passaient avec leurs accessoires : grandes pattes coudées à ressort, sabres, armes et bagages. J'apportai des lézards : il mangea les lézards. Seulement, pour ces derniers, au lieu d'une seule contraction comme pour les sauterelles ou les escargots, il exécutait deux ou trois contractions, suivant la dimension du saurien.

Ayant conquis, un jour, une grenouille grise des prés, de moyenne dimension, je la déposai, vivante, dans le parquet de Quasimodo. Il se passa alors une scène aussi intéressante que bizarre.

La grenouille sautait à droite et à gauche avec une agitation extrême, comme pour fuir un danger imminent. Lui, campé sur ses échasses, se mit à la fixer, comme pour la fasciner, la poursuivant du fluide de son regard. La grenouille jeta un cri de détresse, puis, vaincue, demeura immobile. C'est que, comme le berger dont il porte le manteau gris et avec lequel il partage le parcours des plateaux déserts, l'Œdicnème a le don de jeter des sorts. Son œil rond, d'une fixité extraordinaire, magnétise sa proie jusqu'à ce que, tremblante, épuisée par ses efforts pour résister au charme, elle se laisse happer sans résistance. Ainsi advint-il de la grenouille des prés.

Lorsqu'elle fut immobile à point, le jeune oiseau fit un haut-le-corps, la saisit et se mit en devoir de l'avaler. Seulement, dans son inexpérience d'enfant, il s'y était mal pris. Il avait appréhendé la grenouille par une patte de devant, de sorte que le corps du batracien, se trouvant par le travers, ne put passer, bien que le bec de Quasimodo, grand ouvert et fendu de l'une à l'autre oreille, fît tout ce qu'il était *œdicnèmement* possible pour l'engloutir. A la fin, il laissa tomber sa proie pour s'y prendre autrement.

Celle-ci fit trois pas. C'étaient les trois secondes de répit du condamné à mort. Il la saisit de nouveau, — par une des gigues de derrière, cette fois, — et la malheureuse, à la suite de trois contractions, fut engloutie vivante. De saisissement, ma boîte à grillons m'échappa des mains.

Les perdreaux rouges, en liberté dans l'appartement, en profitèrent pour se livrer à un pillage effréné. Je réintégrai en hâte ce que je pus de ma provision d'insectes et repris la suite de mon observation.

Horreur!

Le jabot de l'Œdicnème se soulevait à intervalles égaux par quatre points bien distincts. La grenouille continuait à faire des mouvements : les brassées du nageur. — Quasimodo, droit sur ses échasses, calme, béat, l'œil impassible, faisait frétiller sa queue en signe de satisfaction.

Une autre fois, j'apportai une couleuvre, — non pas vivante, cette fois, j'avais dû, pour m'en emparer, lui écraser la tête. Cette couleuvre, de la grosseur du doigt, mesurait environ cinquante centimètres de longueur.

— Voyons s'il osera l'entreprendre.

Je le crois bien qu'il l'osa. Cela ne lui parut pas devoir faire l'ombre d'une difficulté, mais voici comme il s'y prit. Après avoir bien fixé la couleuvre pour s'assurer de son immobilité, il s'élança, la saisit par la tête et engloutit du reptile une longueur d'environ sept à huit centimètres. Cela fait, il resta coi. Le reste de la proie pendait et traînait à terre. Le cou du mangeur, si mince au repos, se trouvait momentanément gonflé et déformé; voilà tout.

En ce moment, on vint m'appeler pour affaire urgente, et ce contretemps m'empêcha de suivre le travail de l'oiseau.

Tout ce que je pus constater à mon retour, — dix minutes après environ, — c'est qu'il ne restait plus rien. Plus de couleuvre!... pas plus de couleuvre que sur la main!

Tout était fini.

Que voulez-vous? la couleuvre n'avait que cinquante centimètres de longueur.

Si elle eût eu un kilomètre, j'aurais eu quelques chances pour « *en revoir* », comme on dit en termes de chasse; mais elle n'avait que cinquante centimètres.

Ne pouvant lui fournir en quantité suffisante ses friandises préférées, je l'ai habitué à manger un peu de tout; je lui ai fabriqué une pâtée de pain, de laitage et de gros son, et, à l'heure qu'il est, il mange de la soupe comme un maçon.

Il serait, je crois, intéressant d'utiliser les aptitudes de l'Œdicnème et d'en faire un bon serviteur comme on a fait du Vanneau, voire du Bécasseau combattant, ces émérites mangeurs de vers, considérés aujourd'hui comme d'excellents policiers de nos jardins et de nos enclos.

Est-il besoin de vous rappeler que les jardiniers, en quête d'auxiliaires pour la destruction des limaces, des escargots et autres parasites des carrés de choux et des plates-bandes de fraisiers, se sont avisés d'y introduire force crapauds? Que les maraîchers des environs de Paris achètent les crapauds par sacs? Que ceux des environs de Londres les achètent par tonnes? Que ce n'est qu'à ce prix et à grands frais qu'ils luttent contre les fléaux du jardinage? Et encore vanneaux et crapauds sont-ils des spécialistes?

— Sans doute!

— Eh bien, viens un peu ici, Quasimodo. Réponds toi-même, mon bonhomme, et donne ton avis.

Et Quasimodo, se dressant sur ses échasses, exécutant un haut-le-corps plein de suffisance et faisant frétiller sa queue, vous répondra :

— Pas besoin de tant de crapauds!

Moi seul, et c'est assez!

PALMIPÈDES

On désigne sous ce nom les divers membres d'une nombreuse famille passionnée pour les bains froids; tous de première force sur la natation, et plongeurs très remarquables par-dessus le marché.

Ils doivent leur nom générique à un appareil dont est pourvu chacun de leurs pieds, sorte de membrane flexible ou de nageoire en forme de palme qui leur sert à assurer leur équilibre sur l'élément liquide, et à s'y mouvoir avec la plus grande aisance.

LE CYGNE

Le plus gros et en même temps le plus élégant des Palmipèdes qui font l'ornement de nos bassins et de nos étangs est, sans contredit, le Cygne, qui est le grand maître de l'Ordre.

Il suffit pour s'en convaincre, de jeter un coup d'œil sur la pièce d'eau qui traverse le Jardin d'acclimatation, et de voir avec quelle déférence les nombreux petits palmipèdes s'écartent sur son passage ou lui font cortège.

L'attitude du Cygne, même captif, est restée fière et nous n'avons pas pu l'apprivoiser complètement; nous ne le tenons qu'en demi-domesticité. Il n'eût pas été commode de le dompter, car un seul coup de son aile robuste suffirait pour casser la jambe à un homme.

Le chant du Cygne est un cri rauque, nasal comme celui des porteurs de gros becs; d'après la tradition, ce chant est d'une harmonie divine lorsque l'oiseau est sur le point d'expirer. Seulement, je ne vous donnerais pas le conseil d'acheter un Cygne pour vous en assurer parce que ce chanteur *in extremis* est un des êtres qui vivent le plus longtemps; on prétend qu'il dépasse l'âge de cent ans, et dans ce cas vous auriez quelques chances de ne pas assister à la strophe finale.

Non seulement le Cygne fait très bien sur une pièce d'eau, mais sa présence a pour effet d'empêcher les herbes aquatiques d'y pulluler au point d'y rendre impossible la promenade en bateau. Dans son parcours, il plonge sa tête sous l'eau pour y découvrir les insectes, les petits poissons et les herbes dont il fait sa nourriture, et dans cette recherche, il brise avec son bec toute plante qui s'oppose à son passage ou à ses convoitises, de manière à réglementer dans de sages proportions la végétation qui, sans lui, envahirait l'étang ou le bassin.

A voir la désinvolture, la sûreté de bec avec laquelle il modère, élague, administre, gouverne la végétation aquatique, on est tenté de lui prêter ces paroles du roi soleil, adaptées pour la circonstance : « L'étang, c'est moi! »

Le Cygne le plus répandu chez nous est le Cygne blanc; il y en a aussi de noirs, venant de l'Australie; mais le plus prisé, le plus décoratif, est le Cygne blanc à col noir, du Chili, dont le prix atteint plusieurs centaines de francs. Le Jardin d'acclimatation possède en ce moment quelques exemplaires de cette magnifique variété.

Tous les Cygnes, qu'ils soient muets, chanteurs, nains, à cou noir ou entièrement noirs, quand on les prend jeunes s'apprivoisent très facilement, mais ils donnent avec leurs ailes robustes des témoignages de reconnaissance que leurs maîtres doivent éviter avec le plus grand soin, comme dit Brehm avec juste raison.

« J'ai possédé, dit-il, un Cygne chanteur mâle qui apprit bientôt à me distinguer des autres personnes, il me répondait quand je

Vue des îles du Jardin d'acclimatation du bois de Boulogne.

l'appelais; il accourait auprès de moi quand je le lui commandais.

« Dès qu'il entendait ma voix, il se redressait, le cou en l'air, battait des ailes et poussait plusieurs cris successifs. Après m'avoir

Le Cygne à col noir.

ainsi répondu, il venait à ma rencontre, en prenant les postures les plus singulières. Il recourbait son long cou jusqu'à ce que son bec touchât presque le sol, il ouvrait un peu les ailes et s'avançait lentement en titubant. Était-il obligé pour arriver à moi, de franchir l'étang, il plongeait son cou dans l'eau et nageait ainsi pendant quelques secondes. Une fois près de moi, il se relevait, battait des ailes, criait pendant plusieurs minutes, mais il ne faisait jamais entendre que les syllabes *killklu*.

« Je ne pouvais douter que ce manège pût signifier autre chose que l'attachement qu'il me portait; je n'osais cependant jamais franchir la grille qui nous séparait; si je le faisais, il me recevait à coup d'ailes si violents qu'on aurait dit une correction bien plutôt que des caresses; si je me tenais dans l'intérieur de l'enclos, il me suivait partout comme un chien. »

Il faut se méfier des caresses touchantes de tous les Cygnes; elles sont surtout dangereuses pour les enfants.

L'OIE

D'autres, — ceux qui ne savent pas, — s'avisent quelquefois de dire : « Bête comme une Oie ».

Eh bien, non.

L'Oie est une créature méconnue.

Que peut-on bien lui reprocher, en somme? — Elle est mal embouchée; — j'en conviens. Elle parle du nez; on n'est pas parfait. Son cri est discordant; soit, mais encore sait-elle crier à propos.

Si les Oies du Capitole n'avaient pas crié au bon moment, c'en était fait de Rome, et l'histoire du monde se trouvait, du coup, modifiée de fond en comble. On est saisi de vertige à la pensée que les destinées du genre humain ont pu se trouver subordonnées à cette misère : le cri d'une Oie.

L'Oie est donc susceptible, tout au moins, — nos ancêtres les Gaulois en ont su quelque chose, — d'un certain patriotisme.

Il y a plus, elle est susceptible aussi de quelque éducation.

Vous vous souvenez peut-être qu'il y a quelques années un cirque parisien dut ses meilleurs succès à l'exhibition d'un petit troupeau d'Oies convenablement dressées. Ces Oies, au commandement, suivaient des pistes, sautaient des barrières, traversaient des cerceaux, dansaient en cadence, exécutaient les exercices les plus variés et les plus étonnants.

Pour amener les bonnes bêtes à ce point, ce fut tout un travail. Leur professeur, un spécialiste, dut s'enfermer, trois mois durant, avec ses élèves; et, par le jeûne, par la privation de sommeil, par les punitions et les récompenses données à propos, sut amener son petit troupeau à un degré d'instruction que tout Paris a été applaudir.

Entre nous, ce résultat merveilleux ne s'obtint pas sans dommage, et des douze sujets soumis à ce régime, six périrent à la peine. L'autopsie démontra qu'ils avaient succombé à la méningite. Chez ces pauvres bêtes, le cerveau avait été surmené. Mais il résulte de ce fait que l'Oie est douée d'intelligence, d'une intelligence perfectible, et d'une certaine dose d'application.

Ce n'est pas tout; l'Oie est susceptible d'attachement, de fidélité à son maître, et si la place n'était déjà prise je suis convaincu qu'elle remplacerait avantageusement le toutou, dont nous avons fait notre ami.

Ainsi, pour en citer un exemple, au printemps de 188., dans la petite ville de S... tout le monde a pu voir sur la pelouse des promenades, où se tenait le champ de foire, une Oie blanche faire son entrée en compagnie de pigeons, de tourterelles, de quatre chiens et de onze poules. Tout ce monde arrivait, non pas en huit fiacres comme la noce du *Chapeau de paille d'Italie*, mais en trois longues voitures, sortes d'habitations roulantes à l'usage des saltimbanques.

Ces voitures, qui étaient les bien venues, apportaient dans leurs flancs les éléments d'un établissement de représentations théâtrales, la joie des enfants, la tranquillité des parents.

Eh bien, dès l'arrivée, on a pu voir cette Oie, familiarisée avec le personnel de l'établissement, assistant au repas, pêle-mêle avec les chiens. Son attitude confiante et familière semblait vous dire : « Vous savez, c'est moi qui suis l'Oie de la maison. » Elle avait pris à cœur les intérêts de ses maîtres, assistant à la construction de la baraque, allant de l'un à l'autre comme une bête en peine, croyant hâter le travail par ses allées et venues. Lorsque tout fut terminé, elle déploya ses ailes en signe de satisfaction et poussa un cri de joie bien senti. « Enfin! » semblait-elle s'écrier.

Sa vigilance n'était jamais en défaut. Dans la soirée, et même la nuit, si quelque attardé passait devant la baraque, l'oiseau poussait des cris .. d'Oie et lui courait sus, cependant que les chiens ensommeillés se taisaient.

Tant et si bien que les saltimbanques, trouvant que leur repos était trop souvent interrompu, durent reléguer tous les soirs leur palmipède favori dans l'écurie où ils logeaient leurs chevaux, située à une distance d'au moins 300 mètres. Mais alors, dès le matin, et aussitôt qu'on ouvrait la porte pour panser les quadrupèdes, l'Oie se mettait à l'essor et accourait d'une envolée à son poste favori, sans se tromper de baraque.

De nos jours, le service militaire cherche des auxiliaires parmi les créatures que nous avons su domestiquer. Nous avons depuis longtemps le cheval militaire; nous avons, lors de la dernière guerre, utilisé les aptitudes du pigeon et créé des pigeonniers militaires.

Actuellement, le chien de guerre est à l'étude. Les diverses races de chiens ont été soumises à l'examen, et le chien auquel on paraît s'être arrêté pour le service d'estafette, les missions de confiance et la garde des postes, serait le chien de berger ou le chien de bœufs.

Mais il résulte de maint exemple qu'à l'aide de procédés mystérieux, bien connus des malfaiteurs, rien n'est plus facile que d'endormir la vigilance du chien. L'Oie, elle, est incorruptible, jour et nuit en éveil et d'un flair infaillible.

Dès lors, au lieu de commettre l'impair de la manger aux réveillons de Noël, farcie de marrons, ne ferions-nous pas mieux d'utiliser ses aptitudes naturelles au point de vue de la défense nationale? Dans cet ordre d'idées, j'ai la conviction qu'une Oie vaudrait dix chiens.

L'Oie est un palmipède recommandable à d'autres égards; d'une

Ruse de Mohican.

frugalité d'anachorète, se nourrissant exclusivement d'herbages et de graines; intéressante dans ses mœurs comme le sont tous les monogames; car elle est monogame à l'état sauvage.

L'Oie sauvage.

La réputation de bêtise qu'on lui a faite ne doit pas venir du clan des chasseurs, dont sa méfiance fait le désespoir. On ne peut l'approcher à portée de fusil que très exceptionnellement et par surprise, les jours de brouillard intense, par exemple, ou en s'abritant derrière des bestiaux et à l'aide de ruses que ne désavouerait pas un Mohican.

La plus connue des Oies sauvages est l'Oie cravant, qui fréquente les côtes maritimes, d'où probablement est issue notre Oie domestique.

Quelques espèces ont été jugées suffisamment intéressantes pour obtenir droit de cité dans nos volières. L'une d'elles, l'Oie d'Égypte, me paraît digne de vous être présentée d'une manière spéciale.

L'OIE D'ÉGYPTE

C'est un dieu, ni plus ni moins, que je vous présente cette fois.

Les types que j'ai en ce moment sous les yeux sont de sérieux personnages. Ils se promènent tous deux (c'est un couple) sur la pelouse, en silence, l'air majestueux, d'une gravité biblique.

Jadis, — il y a de cela quelques années, — leurs ancêtres avaient place dans l'Olympe égyptien. Leur image, répétée à satiété dans les sculptures de l'obélisque de la place de la Concorde, indique surabondamment de quelle faveur ils ont joui sous les Pharaons.

Cette faveur, que l'Oie d'Égypte partageait notamment avec l'Ibis sacré, lui était venue de ce qu'elle avait su, avec une remarquable entente des choses de son époque et un flair infaillible, annoncer comme le fait l'Ibis l'inondation bienfaisante et périodique du Nil; et l'on peut appliquer à ce palmipède la citation suivante empruntée aux *Portraits zoologiques* de M. Fulbert Dumonteil : « Il apparaissait et le Nil débordait. Cette coïncidence heureuse a fait la fortune de l'Ibis, dont le mérite consistait à se montrer à propos. C'est beaucoup dans la vie. »

L'Oie d'Égypte, connue aussi sous le nom d'*Oie armée* ou de *Bernache armée*, à cause d'une pointe cornée très saillante qu'elle porte au pli de l'aile, est assez haute sur pattes; ses formes élancées, son port élégant qui rappelle celui de la Cigogne; son bec et ses pieds roses; son plumage marron coupé régulièrement de blanc et de noir sur l'aile, en font un très bel oiseau d'ornement.

Elle n'a rien qui rappelle l'attitude commune de l'oie domestique, — une ventrue à l'allure titubante. Sa démarche, à elle, est remplie d'aisance. Son cri est contenu, ou plutôt elle n'a pas de cri. Elle se sert, pour exprimer ses idées, d'une sorte de langage qui est comme un

Nos Oies, si mal embouchées....

gazouillement discret, et ne ressemble en rien aux éclats de voix discordants de nos Oies, si mal embouchées.

La plupart du temps, vous la surprenez au repos, perchée sur un pied, au bord de la pièce d'eau, songeant sans doute à sa grandeur passée, absorbée et méditative comme si elle contemplait quarante siècles.

D'autres fois, vous la voyez s'agiter : la voici qui étend ses grandes ailes, à l'envergure énorme, dont elle frappe l'air à coups redoublés. Dès lors, vous pouvez tenir pour certain...

— Que le Nil va déborder?

— Pas précisément; mais que la pluie est imminente.

Son milieu le plus naturel est la pelouse, dont elle broute assidûment la verdure.

Surtout, ne vous avisez jamais de l'introduire dans la basse-cour, ni dans la société d'oiseaux de volière. Elle est d'humeur batailleuse (une Oie armée!) et vous ne tarderiez pas à voir Poules, Canards, Dindons, Faisans, etc., attaqués et mis à mal comme si les sept plaies d'Égypte se trouvaient déchaînées sur la poulerie ou la faisanderie.

Son ordinaire se compose principalement de verdure. Elle est très friande de vers de terre; elle se nourrit volontiers de grains : petit blé, avoine, sarrasin et surtout maïs; elle rebute l'orge qu'elle trouve trop dure et qu'elle ne peut broyer; elle adore le pain, et rien ne vous sera plus facile que de gagner sa confiance et de vous en faire une amie, si chacune de vos visites est accompagnée d'une petite distribution de menus morceaux de pain.

L'Oie d'Égypte, malgré la différence de température de son pays d'origine, adopte parfaitement nos climats, et supporte très bien nos hivers sans paraître en souffrir, au dehors et en plein air, accroupi simplement sur la glace.

La Bernache égyptienne est un oiseau d'ornement d'un excellent effet au milieu d'un parc, sur le bord d'un bassin; d'ailleurs, je n'ai pas besoin d'ajouter que rien ne rehausse l'éclat d'une pelouse comme la présence d'un ancien dieu. Mais alors, il est prudent de l'éjointer, pour lui ôter l'usage des ailes. Autrement elle pourrait être tentée de faire voile vers le Delta, pour aller voir si le Nil déborde, et, dans ce cas, vous auriez plus d'une chance de ne pas la revoir de sitôt.

LE CANARD

Epicuri de grege...

Courtaud, ventru, une panse ambulante.

Vit pour manger. Son intempérance et ses habitudes l'ont fait surnommer le porc de la basse-cour. La goinfrerie est sa religion; son jabot est son dieu; le remplir sans trêve est sa grande affaire. Les quantités de nourriture qu'il ingurgite sont incroyables; mais il faut lui rendre cette justice qu'il est peu difficile sur le choix. C'est-

Le Canard ne mange pas une bouchée sans boire au moins deux coups.

à-dire qu'il fait ventre de tout, même d'immondices; surtout, horreur! d'immondices.

Dès l'aube, il a faim, et vous l'apercevez en quête de mangeaille, dans la boue des mares, sur les fumiers, dans les purins, sur les tas d'ordures, où il enfonce son bec jusqu'aux yeux, cherchant des choses sans nom, puisant des victuailles horribles.

Stations où l'on jabote.

Comme l'ivrogne, avec lequel il a plus d'un point de ressemblance, il ne mange pas une bouchée sans boire au moins deux coups. Lorsqu'il est saoul, vous le voyez déambuler cahin caha, prenant la gauche pour aller à droite; le jabot distendu au point de doubler son volume; titubant, la voix éraillée. Souhaitons-lui de conserver son équilibre et de ne pas tomber sur le dos, car si ce malheur lui arrivait, il aurait toutes les chances du monde d'y rester; incapable, sans aide, de se remettre sur pattes, s'agitant et braillant.

Mais il avise un coin à l'ombre; il s'y affale, s'abrite la tête sous l'aile pour se dérober aux distractions du monde extérieur, et s'adonner tout entier au travail d'une digestion qui promet d'être laborieuse. Là, il cuve en paix... pour recommencer à son réveil.

Signe particulier : parle affreusement du nez, avec un bruit éclatant de trompette. Son bec, un organe immense, que dame Nature ne lui a pas marchandé, est comme la charge d'un nez de priseur, pour le service duquel un mouchoir de couleur ne serait pas superflu. Aussi, par une conséquence logique et un esprit de suite qui se rencontrent souvent dans les œuvres de la création, lui a-t-il été départi une membrane adaptée à ses pieds, qu'il porte entre les doigts, et qui ressemble, à s'y méprendre, à un mouchoir de priseur. C'est de cette membrane ou de ce mouchoir qu'il se sert pour essuyer son bec, et, en le voyant opérer, on ne peut se retenir de le féliciter et de faire la remarque que le canard est un des rares privilégiés auxquels il a été accordé, par faveur spéciale, de pouvoir se moucher du pied. Veinard, va!

Il ne se fait apprécier, que lorsqu'il nous livre ses trésors : son fin duvet, sa chair succulente, sous quelque forme qu'elle soit accommodée : rôtie, en salmis, en terrine; aux navets, aux olives, aux petits pois; et enfin ses foies gras, son triomphe, auxquels il doit de s'élever au premier rang des oiseaux... comestibles, et de partager, avec le faisan, la bécasse et la perdrix, les honneurs de la truffe.

Au moment de terminer ce portrait du Canard, je m'aperçois que j'ai commis une lacune en ceci, que je n'ai envisagé ce palmipède qu'à un point de vue restreint, celui de sa vie privée dans nos basses-cours.

L'impartialité de l'histoire naturelle me fait un devoir de reconnaître que tout ce qui précède s'applique à la description du canard non tel qu'il est sorti des mains du Créateur, mais exclusivement du canard privé, du canard ayant abdiqué sa liberté pour devenir canard domestique, du larbin dissolu qui s'est perverti au contact de la civilisation.

Pour être juste

.... Donnant de la tablature au chasseur.

et faire la part des responsabilités, nous ne devons pas perdre de vue qu'avant d'être devenu notre massif canard de Rouen le canard que j'ai essayé de dépeindre était colvert, c'est-à-dire brillant de plumage, harmonieux de formes, rompu aux difficultés de la navigation aquatique et aérienne; stratégiste prudent, donnant de la tablature au chasseur; voilier expert, migrateur plein d'à-propos, gai fréquentateur des plages où l'on cancane, des stations où l'on jabote.

Ce n'est pas sa faute si nous l'avons démoralisé pour mieux l'exploiter et si nous l'avons déformé pour en faire de la chair à terrines.

L'espèce comporte, d'ailleurs, des masses d'individus : Sarcelles, Mignons, Grèbes, Tadornes, Labradors, Bahamas, Milouins, Spinicaudes, Becs de lait, Carolins, etc., etc., recommandables à divers points de vue, les uns pour leur petitesse, les autres pour la richesse de leur livrée, leur gentillesse et même la pureté de leurs mœurs. Je pourrais citer quelques-uns de ces palmipèdes qui, sous ce dernier rapport, pourraient servir de modèles à bien des bipèdes. La Sarcelle à éventail, de la Chine, par exemple, avec laquelle nous allons faire plus ample connaissance, espèce monogame, est comme la colombe du genre, et il est d'usage, dans le Céleste Empire, d'offrir en cadeau de noces à de jeunes époux, un couple de ces jolies Sarcelles, comme emblème de la fidélité dans le mariage. Aussi, ce petit canard a-t-il été élevé par les Chinois, ravis de sa vertu, à la dignité de mandarin. C'est sous ce nom de Canard Mandarin que nous l'avons introduit dans nos volières, où il est très décoratif, en même temps que très intéressant à observer dans sa vie de famille. Ses jours sont respectés de telle sorte que nul ne saurait dire ce qu'il vaut au point de vue comestible, et il ne meurt guère que de vieillesse, regretté comme bon époux et bon père. Cette fin vaut bien celle du tourne-broche et il est consolant de constater à l'occasion que la vertu reçoit quelquefois sa récompense dès ce bas monde.

Enfin, et pour être complet, je ne puis faire autrement que de mentionner une dernière variété du canard, difficile à définir, variété toute idéale, celle-ci, que l'on cultive volontiers de l'autre côté de l'Atlantique, dans les contrées où fleurit le puffisme; car chaque pays a son canard de prédilection, son canard national si je puis m'exprimer ainsi. Nous venons de voir que la Chine s'enorgueillit, à bon droit, de son canard à éventail, chargé d'ornements comme une pagode. L'Angleterre montre avec fierté son splendide canard d'Aylesbury, d'un blanc de neige. Le Français exhibe volontiers son succulent canard de Rouen, la gloire des expositions. Mais pour produire un gros canard, un canard colossal, un canard aux dimensions invraisemblables, un canard aussi grand qu'un serpent de mer, il n'y a que l'Amérique (1).

LE CANARD MANDARIN

Canard mandarin, Sarcelle de la Chine, Sarcelle à éventail, tels sont les noms sous lesquels on désigne ce brillant palmipède, l'honneur du corps.

La science nous le présente sous la dénomination caractéristique d'*Aix galericulata;* et, en effet, son attitude lorsqu'il est à flot, sa poitrine bombée, son cou et sa tête rejetés en arrière, arrondis en forme de proue, ses ailes ornées chacune d'une plume saillante déployée comme une voile, lui donnent une sorte de ressemblance avec la galère des temps romains.

Outre ces deux plumes originales, développées en éventail et auxquelles il doit l'un de ses noms, le mâle Mandarin porte, derrière la tête, un panache de plumes frangées et touffues qui s'abaissent sur le cou lorsque l'oiseau est au repos, et qui se déploient comme la cri-

(1) Savez-vous pourquoi l'on donne à une histoire extraordinaire le nom de canard? Le *Stock Keeper* nous l'apprend. Un journaliste à court de copie, fit insérer dans son journal l'anecdote suivante : Vingt canards se trouvaient enfermés dans un parquet bien clôturé. L'un d'eux vint à mourir. Les dix-neuf survivants se jetèrent sur le cadavre, le déchiquetèrent et l'engloutirent en un rien de temps. Cette même opération se reproduisit pour un second, pour un troisième, pour un quatrième canard, et ainsi de suite, jusqu'à ce qu'il ne restât plus qu'un seul palmipède vivant. Or il se faisait que cet heureux survivant, avait, en très peu de temps, dévoré et digéré ses dix-neuf infortunés compagnons. Cette historiette fut reproduite par nombre de journaux et depuis lors le mot « Canard » sert à désigner un fait extraordinaire ou exagéré.

nière d'un poncy lorsqu'il est animé d'un sentiment quelconque : amour, joie, colère.

Sa livrée est un assemblage de dessins bizarres, de peintures chinoises, de reflets changeants qui défient toute description et font le désespoir du peintre.

Tout ce qu'on peut dire, c'est que le Canard mandarin est aussi éclatant dans son genre que le Faisan doré, son compatriote, l'est dans le sien, et que tous deux sont des oiseaux d'ornement de premier ordre.

La femelle, comme en général les femelles de presque tous les oiseaux à brillant plumage, est plus modestement vêtue. La tête est bleu ardoise, sans panache; l'œil est entouré d'un cercle blanc et relié à l'oreille par un trait, blanc également, qui semble brider le regard et lui donner une expression mutine. La poitrine et les flancs sont gris cendré, parsemés de taches ovales et blanchâtres; le ventre est blanc; le dos, les ailes et la queue, vert bouteille, vert olive et gris cendré.

Ces quelques aperçus de description préliminaire nous amènent, par une pente naturelle, à la partie vive de notre sujet, et nous allons examiner ensemble, si vous le voulez bien, chers lecteurs, le canard mandarin, au point de vue physiologique, si je puis m'exprimer ainsi, puis au point de vue pratique. En d'autres termes, nous allons nous occuper, en premier lieu, de son caractère, de ses mœurs, de ses habitudes; et, en second lieu, de ses aptitudes comme oiseau de volière, de son acclimatation chez nous, de son installation, de sa reproduction, de son éducation en captivité.

Tout, dans le palmipède chinois, déroute nos idées reçues sur le Canard domestique.

Chez nous, canard veut dire : oiseau de basse-cour effronté, gouailleur, épicurien, ventru, cancanier, criard, sale, terre à terre, barboteur, etc., etc.

Chez l'oiseau de la Chine, rien de semblable.

Le Mandarin est un fils du ciel : c'est un oiseau percheur. Ses doigts palmés sont terminés par une griffe recourbée qui lui permet de se brancher, et c'est sur les arbres, — entre ciel et terre, — qu'il passe une partie des heures de la journée, et qu'il se réfugie le soir pour passer la nuit. C'est aux arbres, et non à la terre, qu'il confie l'espoir de sa descendance. Pour cela, la femelle choisit une grosse branche creuse où elle s'arrange un nid et où elle va déposer ses œufs. Elle choisit de préférence une branche surplombant un étang ou une rivière. Dès que ses petits sont éclos, elle les pousse avec son

Le Canard mandarin.

bec et les fait tomber dans l'élément liquide, leur garde-manger naturel; puis elle vient les y rejoindre et leur apprend à trouver d'eux-mêmes leur nourriture d'insectes aquatiques.

Ni sale, ni glouton.

Le Canard de la Chine se respecte; il ne barbote jamais et paraît avoir le plus grand souci de son riche vêtement, qu'il évite avec soin de tacher.

D'un bec discret, qui semble à peine y toucher, vous le voyez ramasser un à un avec grâce les grains de blé ou de sarrasin, qui, avec la verdure et les quelques vermisseaux qu'il peut trouver, composent sa nourriture.

Gouailleur, il l'est, son regard fin vous l'indique, mais ce n'est pas la gouaillerie de notre canard domestique, cette gouaillerie de faubourg, criarde, effrontée, épicée, crue, cynique.

Non. Sa gouaillerie à lui est une gouaillerie fine, de bonne maison, contenue, comme il faut, sachant dire à demi-mot.

Avez-vous par hasard oublié de renouveler sa provision, son regard s'adresse à vous plein de malice, et lorsqu'il a obtenu votre attention, son bec s'abaisse à terre à diverses reprises, pour vous montrer qu'il n'y a plus rien et que la provende est épuisée.

Ce qui rend surtout l'oiseau à éventail intéressant, recommandable, ce sont ses habitudes de famille qui pourraient servir de modèle.

On ne saurait mieux comparer le ménage d'un couple Mandarin qu'à celui d'un couple de Tourterelles : même fidélité, mêmes prévenances, mêmes tendresses.

L'oiseau de la Chine et sa cane ne se quittent pas plus que leur ombre. C'est entre eux deux un échange de doux gazouillements, d'épanchements communiqués de bec à bec. Ils s'épluchent réciproquement l'un l'autre.

Il faut voir comme la cane donne le dernier cachet à la toilette de son canard. Elle le trouve beau, son canard; elle l'aime et elle en est fière.

Lui, en retour, la couve du regard et l'entoure de toutes sortes de prévenances délicates. Trouve-t-il un insecte? il la conduit, discret, de ce côté, sans lui rien dire, lui laissant la joie d'avoir fait elle-même la découverte, et semble prendre plaisir à lui voir savourer, sous ses yeux, cette proie qu'elle croit avoir inventée.

Le cri qu'il fait entendre est un cri nasal, contenu, peu retentissant. — « Kruips! kruips! » fait-il; et si, après avoir poussé ce cri, vous le voyez prendre ses ébats dans le bassin, exécuter de joyeux plongeons, tenez pour certain que la pluie n'est pas loin.

L'eau fait sa sécurité et constitue l'un de ses meilleurs moyens de défense. Aussi, il ne perd jamais de vue son bassin, prêt à s'y réfugier en cas d'alerte. Vienne l'ennemi, vite il s'élance à l'eau; trois bonds, et il est à flot. Là, il bat l'onde de coups d'aile répétés, et l'adversaire s'empresse de déguerpir, inondé, ahuri, les yeux noyés, y voyant, — comme on dit vulgairement, — trente-six chandelles.

Cette tactique est souveraine, et Tontaine (ma chatte blanche) pourrait vous en dire quelque chose. S'étant avisée un jour de vouloir lier connaissance de trop près avec les Mandarins, elle reçut inopinément une telle trempée d'eau froide, qu'oncques depuis elle n'a voulu s'y refrotter. Elle se le tient pour dit, et actuellement elle contemple, mais à distance, les beaux oiseaux. Eux observent, le regard bridé, finement railleur, un œil sur la chatte Tontaine, un autre sur le bassin... dans lequel il y a toujours de l'eau!...

La ponte de la Sarcelle mandarine commence vers la fin de mars et l'éducation des jeunes ne souffre aucune difficulté, surtout si elle a lieu par les soins de la cane elle-même. Mais on peut la confier au besoin à une poule, ainsi que je l'avais fait une certaine année.

Avant d'aller plus loin, je dois dire que ce qui précède et ce qui va suivre s'applique également au Canard carolin, un rival en beauté du Mandarin et que quelques amateurs même lui préfèrent.

Ceci dit, je reviens à mes moutons.

Dans le but de hâter le développement des jeunes élèves, je les laissais vagabonder dans le jardin, pêle-mêle avec de jeunes poulets houdan éclos à l'incubateur et élevés sans mère, c'est-à-dire très effrontés. Cette fréquentation rendit mes canetons très familiers, au point qu'ils me suivaient partout dans les allées.

Dès que je prenais la bêche, l'un d'eux, le plus petit, le Benjamin, que j'avais nommé *Canichon*, ne manquait pas de m'emboîter le pas, sachant bien qu'à chaque coup de l'outil il retournait des vers de terre dont il était friand au delà de toute expression. Mais les houdan, gens friands de vers aussi, accouraient à leur tour, au grand dépit de Canichon, qui se montrait jaloux et rageur en diable. Il essayait de les intimider, allongeant vers eux son bec grand ouvert avec des mouvements de couleuvre, et les poulets, que ce bec aux proportions étranges influençait, reculaient volontiers, mais se maintenaient toujours à portée de happer quelques vers. Il en résultait parfois des altercations curieuses à observer.

Ainsi, un matin, je fis présent à Canichon d'un gros lombric. L'un des houdan qui étaient aux aguets eut l'indélicatesse de lui cueillir cette proie jusque dans le bec. Tant d'infamie eut pour résultat de mettre mons Canichon hors des gonds. Furieux, il s'élança sur les traces du larron, et parvint à le happer par les plumes de la queue. Le houdan piaulait, mais sans lâcher son ver et cherchait à s'échapper. Le caneton, arc-bouté sur ses jambes, tirait en sens contraire et de toutes ses forces, tant et si bien que les deux plumes auxquelles il s'était cramponné finirent par céder, et que Canichon se trouva subitement renversé sur le dos, ses deux plumes de poulet au bec, agitant en vain ses pattes dans le vide sans pouvoir parvenir à se relever. Les houdan faisaient cercle, et, sans être précisément initié à la pantomime de ces gens-là, je suis porté à croire que le patient était l'objet de lazzi peu charitables et qu'on riait à ses dépens à se tenir les côtes, car, lui étant venu en aide, je ne l'eus pas plutôt remis sur son séant qu'il se mit à les charger avec rage. Il ne leur a pas encore pardonné.

Vers le commencement d'août, les petites Sarcelles commençant à se servir de leurs ailes, je dus songer à les éjointer. L'éjointage est une opération qui consiste, sans pour cela déparer l'oiseau, à le priver de l'usage d'une de ses ailes, de façon à lui rendre le vol impossible, l'équilibre étant rompu. C'est une mutilation qu'au premier abord on est tenté de traiter de barbare, mais à laquelle on se rallie volontiers lorsqu'on réfléchit à la somme de liberté qu'elle permet de donner à l'oiseau qui en est l'objet.

Votre Canard éjointé peut avoir le parcours libre de tout votre enclos. Non éjointé, il vous faut le confiner dans les limites étroites d'une volière; autrement...

Autrement, il s'en irait tout droit en Chine. Il aurait des chances pour ne pas y arriver, je ne dis pas non, mais enfin il vous quitterait.

Voici comment se pratique l'éjointage du jeune Canard. Saisissant l'aile de l'oiseau maintenu immobile, vous comptez, à partir de l'extrémité, huit des grandes plumes appelées rémiges; arrivé à la hui-

Canard de la Caroline. (Mâle, femelle et jeunes.)

tième, et entre la huitième et la neuvième, dans le sens des plumes, vous coupez net à l'aide d'une paire de ciseaux bien tranchants... L'os et les huit plumes adhérentes tombent à terre. Le fouet de l'aile est respecté par l'opération.

Cela fait, vous cautérisez la plaie avec un crayon de nitrate d'argent jusqu'à complet arrêt de l'écoulement du sang; puis vous mettez le patient en liberté en évitant qu'il soit molesté ou poursuivi par d'autres animaux. Il lui faut vingt-quatre heures de tranquillité.

A cet âge, au surplus, l'os est tendre et le sujet ne paraît pas souffrir sensiblement. Seulement, permettez-moi un conseil. Si vous tenez à conserver les bonnes grâces de vos élèves, ne faites pas l'opération vous-même. Pour éviter qu'aucun nuage ne s'élève entre vous, faites-la pratiquer par un tiers.

Depuis que j'ai eu le triste courage de l'éjointer, je vois bien que Canichon n'est plus le même avec moi; il m'évite et n'accourt plus à mon appel avec l'empressement d'autrefois. Ce n'est pas qu'il ait souffert outre mesure, mais je vois qu'il n'a rien compris à la petite mutilation que je lui ai infligée, et je sens que j'ai perdu sa confiance. N'ayant pas saisi mes motifs, il s'imagine peut-être, dans sa cervelle de canard, que c'était de ma part pure fantaisie, et il craint probablement que, toujours par fantaisie, je ne m'avise quelque matin de lui éjointer la tête, ce qui, — même après cautérisation au nitrate d'argent, — ne laisserait pas que de devenir assez gênant pour lui...

LE CORMORAN

Le Cormoran, sous ses formes massives, cache l'un des plus curieux palmipèdes, un pêcheur des plus habiles. Plongeur émérite, l'eau est comme son élément naturel, et il s'y meut avec une agilité, qu'on n'attendrait pas, à première vue, d'un volatile aussi lourd, luttant de vitesse avec les poissons les plus agiles.

Il frappe l'onde avec ses ailes, étourdit le poisson et le force à se garer sous les rives, ou bien le débusque des roseaux et le poursuit

Les Cormorans de la Fauconnière.

comme un Autour poursuit le gibier, puis finalement le happe et le fait passer dans son vaste gosier.

Le Cormoran a pu être domestiqué, rendu docile au rappel, et dressé à pêcher pour le compte de son propriétaire. Seulement pour empêcher de sa part toute indélicatesse, le forcer à rendre ses comptes et le mettre dans l'impossibilité de manger, comme on dit, la grenouille, on a soin, avant de le mettre à l'eau, de lui passer autour du cou un collier de cuir fermé par une boucle. Le poisson qu'il capture se loge alors dans l'œsophage, qui est très dilatable. On le rappelle en lui montrant comme leurre un morceau de viande et après l'avoir débarrassé de sa pêche on lui donne un morceau du leurre avec quelques paroles d'encouragement.

Le sport de la pêche au Cormoran, introduit en Europe au seizième siècle, a fait longtemps les délices de nos pères.

De vieilles porcelaines de Chine, où sont peints les exploits de l'oiseau pêcheur, nous apprennent que les Chinois nous avaient devancés dans ce genre de pêche.

De nos jours, ce sport, qui avait été perdu de vue, tend à reprendre faveur. M. de La Rue, à Corbeil, et le comte Le Couteulx, auquel nous devons un *Traité de la pêche au Cormoran*, ont entrepris avec succès le dressage de l'intelligent palmipède, qui, par leur initiative, va probablement sortir de l'oubli.

PASSEREAUX

Tout individu appartenant à la Société des bipèdes emplumés, et qu'on ne peut faire entrer, faute d'aptitudes spéciales, ni chez les Rapaces, ni chez les Grimpeurs, ni chez les Échassiers, ni chez les Palmipèdes, ni chez les Gallinacés, ni chez les Colombidés, les naturalistes dans l'embarras le mettent dans un Ordre à part, qu'ils ont étiqueté : « *Ordre des Passereaux* ».

Ce moyen quelconque de se tirer d'affaire a donné comme résultat un Ordre qui vous fait l'effet d'un beau désordre.

Voyez-vous d'ici l'incohérence? Le Corbeau, la Pie, le Geai, des rôdeurs de la pire espèce, bombardés confrères de l'Hirondelle, un modèle de toutes les vertus! La Pie-grièche au cri aigre (un supplice pour l'oreille) confondue pêle-mêle avec le Rossignol, ce premier prix de chant du Conservatoire!

Enfin, et puisque Passereaux il y a, va pour Passereaux! Je vais essayer de vous faire entrer en connaissance avec une bonne partie de ces gens-là : à vous de les apprécier sur échantillon.

PIE-GRIÈCHE

C'est une voyageuse pour sauterelles. Elle nous arrive avec cet insecte vers le milieu de mai, pour repartir au mois d'août. Elle se cantonne sur la lisière des bois, dans les haies et dans les buissons. Vous êtes averti de sa présence par son cri aigre, qui écorche les oreilles. Mais ce n'est pas à cette particularité qu'elle doit son surnom d'*écorcheur*. La Pie-grièche écorcheur, celle qui est la plus commune chez nous, ne se nourrit pas seulement de gros insectes, mais elle fait aussi la chasse aux petits rongeurs : mulots, souris des champs, et elle a la singulière habitude d'enlever la peau de ses victimes et de la suspendre aux épines des buissons.

Mais la Pie-grièche a un grand défaut, et elle est un de ces oiseaux qui demandent à être appréciés sous bénéfice d'inventaire. Il paraît qu'elle a une passion pour les petits oiseaux et qu'elle abuse de ses talents de ventriloque (qu'elle a de communs avec le Geai et d'autres oiseaux imitateurs) pour en détruire une certaine quantité. Elle contrefait à s'y méprendre le cri des père et mère, et les oisillons abusés, répondent à ce cri pour demander la becquée, dénonçant ainsi le réduit où leur nid était soigneusement caché.

Avant donc de se prononcer sur les mérites de la Pie-grièche, il y aurait compte à faire, et à voir si les services que cet écorcheur rend à l'agriculture ne sont pas payés trop cher par la guerre qu'il fait aux petits oiseaux.

LES MARTINS

Famille des *Alcyons*. Les Martins se divisent en plusieurs branches dont les principales sont :

Le *Martin chasseur* (Dacelo gigantea) de la taille d'un Corbeau choucas environ. Ce Martin fait la chasse aux reptiles, et surtout aux gros insectes. On considère, étant donné son énorme appétit, qu'il serait intéressant de l'acclimater dans nos colonies du Nord de l'Afrique à titre de destructeur de sauterelles; et même chez nous en France comme chasseur de hannetons, dont la multiplication devient inquiétante. On fonde beaucoup d'espoir sur les services qu'il peut

La Pie-grièche écorcheur.

rendre dans ce sens. Aussi le Jardin d'acclimatation du Bois de Boulogne lui a-t-il ouvert quelques-unes de ses volières et a-t-il encouragé les essais de sa reproduction sous nos climats.

Le *Martin pêcheur*, qui fréquente nos rivières et nos cours d'eau, est beaucoup plus connu que le précédent. Sa livrée brillante, rouge-cramoisi et bleu-ciel à reflets dorés, le signale à notre attention et à notre admiration. Son genre de travail n'est pas sans analogie avec notre pêche à l'épervier.

Martin chasseur.

Voici comment le dépeint M. Gaston Percheron.

« Il est là, l'œil rivé sur la rivière, tandis que son bec caréné, à bords tranchants, reste incliné vers le fond de l'eau, prêt à saisir la proie, qui s'offrira...

« Le liquide s'anime. Alors il s'élance comme une flèche, plonge, disparaît, puis, en quelques coups d'ailes, remonte à la surface et regagne son observatoire. Il secoue l'eau qui mouille son plumage, le lisse et reprend son immobilité.

« Parfois il manque son coup. Il attend alors une nouvelle occasion. Si ses tentatives continuent à se montrer infructueuses, il n'hésite pas à se porter plus loin.

« D'ordinaire, on ne l'aperçoit que quand il s'élance sur sa proie.

Il faut, pour le voir au perché, être initié à ses mœurs, car il ne fait choix que d'endroits bien cachés.

« Il est susceptible de s'apprivoiser si on lui fournit une installation convenable, — telle celle que tout le monde peut voir au Jardin zoologique de Londres. »

L'ALOUETTE

Depuis que la Perdrix, que la Caille se font si rares dans les chaumes, il n'y a plus que l'Alouette qui égaye nos grandes plaines par sa présence et par sa chanson, soit lorsqu'elle suit les sillons en faisant la chasse aux insectes, soit lorsqu'elle monte, monte, chante, chante, en se balançant dans un rayon de soleil.

L'Alouette.

Malheureusement pour elle, il est une chose que notre humanité perverse préfère au chant de l'Alouette, c'est l'Alouette rôtie, l'Alouette en pâtés, l'Alouette en salmis; et alors on fait à la petite chanteuse une guerre sans merci. Il semble que vis-à-vis de l'Alouette tous les genres de destruction soient permis, depuis la nappe de filet invisible qui la razzie par centaines dans les plaines de la Beauce et du Gâtinais, jusqu'aux lacets tendus à profusion dans les chaumes à son intention; depuis le brigandage du campagnard qui ne craint pas, en temps de neige, de spéculer sur la famine, et de fusiller, caché derrière un abri, l'un de ses meilleurs auxiliaires, la compagne de ses heures de travail, amorcée par quelques poignées de grains; jusqu'à la ruse du chasseur qui, abusant de sa coquetterie et du plaisir qu'elle trouve à se mirer, l'attire à l'aide d'un subterfuge auquel elle ne sait pas résister, à bonne portée du plomb meurtrier.

LE MERLE

C'est un finaud que je vous présente, cette fois; sa réputation de ruse n'a d'égale que celle du Renard. Je le soupçonne d'être l'auteur du proverbe : « Faute de Grives, on mange des Merles » donnant à entendre au chasseur qu'il perd son temps à le poursuivre parce que sa chair ne vaut pas le coup de fusil. Notez que rien n'est plus faux, et qu'au contraire il jouit dans certaines localités, notamment en Corse, d'une grande réputation comestible.

Il est très difficile à joindre pour tout porteur de fusil et disparaît comme par enchantement au moment où vous allez le mettre en joue. Quant à le tirer au vol il n'y faut pas penser, tellement ce vol est difficile à suivre. Pas malfaisant, d'ailleurs, plutôt utile : se nourrit d'insectes : sauterelles, grillons etc.; et des baies du sureau, du mûrier sauvage, du sorbier, de l'épine vinette et autres. L'hiver, il se rapproche des habitations, et il n'est pas rare de le voir grapiller dans les jardins.

Son nid est un ouvrage de maçonnerie, solidement construit avec de la terre et de menus branchages et capitonné en dedans avec des herbes et des feuilles sèches. Ce nid est très recherché par les éleveurs de certains oiseaux exotiques; les Cardinaux rouges chez moi, l'ont toujours adopté avec empressement pour y faire leur ponte.

Merle voyageur.

Pris jeune, le Merle s'apprivoise volontiers et est même susceptible d'éducation, car il est rempli de moyens; il est doué de beaucoup de mémoire et retient facilement les leçons qu'on lui donne. On lui apprend à siffler des airs compliqués, qu'il interprète avec beaucoup de mesure.

Quelquefois, mais bien rarement, son vêtement est susceptible de tourner au blanc. Alors il devient un objet de haute curiosité et atteint une valeur considérable. Un Merle blanc est chose presque introuvable. Pourtant, j'en ai vu un dernièrement chez Guilly, marchand d'oiseaux, quai de la Mégisserie, et Guilly en fait si grand cas qu'il l'a pris pour enseigne de son établissement qui est devenu la *Maison du Merle blanc*.

J'en ai vu un autre au Jardin d'acclimatation et j'en ai demandé le prix par curiosité. Je tiens de M. Colliaux, le gardien-chef de la volière, que cet albinos est coté cent francs. Avis aux amateurs.

LA GRIVE

C'est une chanteuse, dont la voix a beaucoup d'étendue et se perçoit de fort loin.

Elle est considérée comme un de nos petits gibiers d'arrière-saison, dont les mérites comestibles sont diversement appréciés. La grosse Grive, ou *Grive Tia-tia*, ou Grive du gui, qui se nourrit des baies de cette plante parasite, est la moins estimée.

Celle qui nous arrive à l'arrière-saison par voie de passage et qui s'abat en troupes dans les vignes où elle grapille après la vendange et où l'on prétend qu'elle *se pique le bec* est, au contraire, très prisée. La petite Grive qui se sustente avec les baies du genévrier, est en réputation auprès des gourmets, à ce point qu'on la fait rôtir et qu'on la mange sans être vidée, pour lui conserver tout le parfum de genièvre dont elle est imprégnée. La Grive est donc un des gibiers auxquels on peut appliquer cet axiome : « Dis-moi ce que tu manges, et je te dirai ce que tu vaux ».

La Grive est un objet de convoitise assez général non seulement de la part du chasseur et du gastronome, mais aussi de la part des

La Grive du gui.

animaux de rapine, vis-à-vis desquels elle a fort à faire pour protéger sa couvée.

Dès que ses petits seront adultes, les guets-apens, les pièges les plus variés les attendront à chaque pas. L'existence de la Grive est semée de dangers, de traquenards de toutes sortes : chasseurs embusqués dans les vignes, lacets tendus sur ses passages dans les massifs de genévriers et jusque dans les branches des arbres amorcées pour sa perte. Elle a fort à faire pour sauver sa plume, et on peut dire de la Grive à juste titre que, depuis sa naissance jusqu'à son trépas, sa vie est un véritable combat contre les embûches; une série d'alertes; une constante préoccupation *de damno vitando, de pelle salvanda;* un *struggle for life* ininterrompu. Et dire qu'elle ne sait pas seulement si c'est rôtie ou en salmis qu'elle sera mangée!

LE PIERROT OU MOINEAU

Inutile de le définir; je ne sache pas, dans toute la société du genre, d'individualité plus connue, plus en vue, j'oserai dire plus populaire. Vêtu de court, d'une sorte de veston de couleur grise, le Pierrot n'affiche aucune prétention. Il ne s'est fait de célébrité ni comme chanteur, ni comme gymnaste, ni comme artiste sous quelque forme que ce soit. Nous le coudoyons à chaque pas, gavroche plein d'insouciance, vivant au jour le jour, sans inquiétude du lendemain. Il ramasse çà et là, non pas des bouts de cigares; mais il butine un peu partout, faisant son affaire d'une mie de pain égarée, de grains tombés des sacs et d'une foule de choses perdues. Si encore il se bornait à ces menues agapes, tout serait pour le mieux, mais il y a chez lui l'étoffe du pique-assiette le plus effronté, et vous le voyez tous les jours s'inviter sans façon dans la grange entr'ouverte, dans les gares de marchandises, dans la basse-cour et jusque dans la volière, s'empiffrant de victuailles qui ne lui étaient point destinées. Avec cela si bon enfant, si familier, se cachant si peu, qu'on ne se sent pas le courage de le maudire. On se dit qu'après tout, s'il dérobe pas mal de grains, il contribue dans une certaine mesure à la destruction des insectes.

Mais il contribue, pour le moins, tout autant au pillage de nos cerises, dont il se montre très friand. On a bien essayé de l'écarter à l'aide de mannequins ou de vieux chapeaux suspendus dans les cerisiers, mais sa grande fréquentation du monde civilisé l'a rendu sceptique en matière d'épouvantail, et il le prouve en maculant les mannequins du trop plein de sa digestion, en témoignage de son mépris. Quant aux vieux chapeaux, il les utilise à sa manière et il en fait le berceau de sa famille, qui trouve ainsi dans votre cerisier le vivre et le couvert. Ah! c'est que, lui aussi, s'est fait libre-penseur et s'est affranchi de toute espèce de préjugé.

La fin d'un chapeau.

L'Amérique du Nord, à court d'oiseaux insectivores, a cru devoir nous emprunter le Pierrot, mais elle n'a pas tardé à s'en repentir; et en faisant le compte du doit et avoir, elle s'est aperçue qu'elle a fait fausse route et qu'elle a importé un parasite qui consomme beaucoup et qui est d'une utilité contestable. Au lieu d'un auxiliaire qu'elle espérait, elle n'a trouvé qu'un pillard de ses récoltes; et si la chose était possible, elle ne demanderait pas mieux que de nous le rendre, même avec du retour. Notez que la fécondité du Pierrot n'a d'égale que celle du Lapin, et que ce sans-gêne se permet des trois ou quatre couvées par an de cinq ou six petits chacune. A ce compte, l'Amérique du Nord n'a qu'à bien se tenir. Ce n'est pas de sitôt que les pièges la débarrasseront de sa présence.

Et voyez comme les opinions changent suivant les localités. Aux États-Unis, on maudit le Pierrot; en Norwège on le voit d'un œil favorable et à la Noël, quand la neige couvre la terre, pour fêter le Pierrot et les rares petits oiseaux qui veulent bien consentir à ne pas émigrer l'hiver, on attache à leur intention une gerbe de grain au bout d'une longue perche qu'on fiche en terre au milieu des champs. Ils ne se font pas prier pour venir y picorer et festoyer avec force cris de joie. C'est ce qu'on appelle la Noël des petits oiseaux.

Mes premières relations avec le Pierrot datent de 186... C'était au mois de mai. J'étais sorti laissant la fenêtre ouverte, et à mon retour, quel ne fut pas mon étonnement de trouver dans l'appartement un petit oiseau ouvrant le bec, tendant les ailes et criant comme pour demander à manger. Sans perdre de temps, je mis tremper quelques mies de pain dans du lait, je taillai une allumette en forme de palette et lui ayant présenté de cette pâtée, il se laissa gaver sans cérémonie. Ayant ainsi paré au plus pressé, mon premier soin fut de le baptiser : « Tu t'appelleras Zizi! » La glace était rompue.

Comment ce petit Pierrot se trouvait chez moi, je ne pus me l'expliquer que par la visite importune de quelque chat ou de quelque fouine, à la gouttière ou à la cheminée où il avait son nid et d'où il avait pu s'échapper pendant le massacre des frères, car il n'était pas encore tout à fait en état de voler; ses ailes rudimentaires et la membrane jaune qui bordait la commissure de son bec dénotaient un enfant encore à la mamelle, un oisillon tout au plus en sevrage.

On lui fit un nid au fond d'un carton à chapeau et on le recouvrait, la nuit, d'un mouchoir, pour éviter qu'il prît froid.

Son appétit était insatiable, et toutes les heures il avait faim :

Il demandait du pain, du rôti, du fromage.

En route pour la casserole.

Et on ne lui refusait rien; de sorte que, à ce régime, il devint vite un grand garçon, apte à se servir de ses ailes comme père et

Zizi amenant des invités.

mère, et il abusait de ses moyens d'une façon quelquefois gênante : venant se poser, à table, au bord de l'assiette; s'abattant sur votre épaule au moment où l'on s'y attendait le moins; vous mordillant les doigts; et quelquefois le bout du nez; voltigeant autour de votre plume et la becquetant avec force agaceries lorsque vous étiez en train d'écrire. On ne jugea pas à propos de l'enfermer en cage et il ne paraissait pas en éprouver le besoin. Parfois il s'envolait par la fenêtre ouverte, allait gaminer sur le toit voisin, puis revenait fidèlement au rappel. Il avait pris l'habitude de se jucher, tous les soirs, sur le rebord d'une vieille armoire, qui garda des traces durables de son séjour. Mon petit pensionnaire nous donna des émotions de plus d'une sorte. Un jour, au retour d'une promenade, on ne le trouva pas. Plus de Zizi! Par où était-il passé? la fenêtre était fermée. On fureta partout, on appela, personne. Enfin, on l'aperçut, dans le buffet, perché sur un bol de crême, et il s'en payait! son bec en était blanc jusqu'aux yeux. Une autre fois, après l'avoir longtemps cherché, on le trouva au fond du sucrier, se gavant de miettes de sucre qu'il adorait.

Peu à peu, il s'émancipa et fit quelques fugues, mais, par la fenêtre laissée ouverte à son intention, il rentrait durant nos absences et donnait signe de vie à sa manière. C'est ainsi qu'une après-midi, n'ayant pas vu Zizi depuis deux jours, je trouvai le plancher de la cuisine jonché de cerises. Môssieu Zizi ayant pénétré dans le logis et n'ayant rencontré personne avait eu des impatiences, et c'est le panier de cerises qui en avait pâti.

L'hiver vint, avec la neige; il y eut de la misère dans les champs et par les rues, mais pas pour Zizi qui venait frapper à la vitre, n'oubliant jamais d'amener à sa suite quelques copains, ses invités, sans doute, auxquels il avait persuadé que la maison était bonne, et qu'il menait dîner à son hôtel.

Mais il est écrit que toute chose a une fin, en ce monde. Dès le retour du printemps, Zizi commença à mettre dans ses visites des intervalles de plus en plus éloignés. Sa dernière absence dura plus de huit jours, après quoi on ne le revit plus.

J'ai oublié de vous dire que ce Pierrot, lorsque la mue eut permis de déterminer son sexe, fut reconnu pour être une Pierrette. Cette Pierrette devait avoir, tout comme une autre, un cœur sensible. Il est à présumer qu'elle avait fait une connaissance, et que, toute à ses nouveaux devoirs, elle oublia ses anciens amis. Que cet oubli lui soit léger, et... souhaitons-lui beaucoup d'enfants.

LA MÉSANGE

A classer parmi nos meilleurs serviteurs. Pour se faire une idée des services qu'elle nous rend, il faut la voir travailler l'hiver quand les arbres dénudés permettent de la voir à l'œuvre, explorant avec

Les mangeurs d'insectes.

un soin minutieux chaque branche, chaque rameau, les expurgeant des nids et des œufs d'insectes qui, vienne le printemps prochain, donneraient naissance aux chenilles, aux petits charançons, aux teignes, aux pucerons, aux vers, qui vivent à l'intérieur des poires et des pommes, aux mille et une bestioles, en un mot, vouées à la destruction de la sève, des feuilles, des fleurs et des fruits des arbres de nos jardins et de nos vergers.

Je ne sache rien de plus respectable que le secret du nid d'une Mésange.

Lorsqu'il vous échoit cette chance qu'une Mésange veuille bien choisir vos bosquets pour y construire son nid, vous ne sauriez trop l'entourer de votre protection. C'est à vous d'en éloigner les chats, les jeux d'enfants, les passages trop bruyants; et lorsque les jeunes oiseaux quitteront le nid, vous pourrez vous convaincre que vous n'y avez pas perdu votre temps, et vous serez amplement récompensé de votre peine.

A voir la quantité de bestioles que consomme cette famille de petits affamés, vous aurez la satisfaction de vous dire qu'en protégeant le berceau de la Mésange, vous avez passé avec cette gentille babillarde un véritable contrat d'assurances contre les déprédations des insectes nuisibles.

LE TROGLODYTE

Le plus petit oiseau de notre pays et l'un des plus familiers. Son bec pointu nous le signale comme un insectivore, par conséquent comme un être utile à nos arbres à fruits, comme un ami. Sachons-lui gré de ne pas émigrer comme le font tant d'autres chasseurs d'insectes, et de nous tenir compagnie durant la saison d'hiver.

Il demande notre protection et recherche le voisinage des habitations. Il se montre avec nous familier, confiant.

En temps de neige, il est à peu près le seul qui égaye de sa pré-

Les Troglodytes.

sence les buissons du jardin, sautillant de branche en branche, avec la prestesse d'un ressort. Votre présence ne le fait pas fuir; il a la confiance que vous êtes un ami et il vous salue à sa manière, la queue relevée à angle droit, chantant devant vous sa petite chanson.

L'HIRONDELLE

Qui de nous n'a salué comme une délivrance le retour des Hirondelles; délivrance des jours maussades et sans soleil; délivrance du froid, de la neige et de la boue.

Chasse de l'hirondelle au marais.

L'Hirondelle est considérée non seulement comme la messagère du printemps, mais encore comme l'un de nos meilleurs auxiliaires contre de gênants parasites. Je ne sache pas d'oiseau plus acharné chasseur d'insectes diptères : cousins, moustiques, et autres, dont la piqûre est si douloureuse, et que la chaleur fait éclore par myriades dans les eaux croupies et dans les marais; aussi est-elle respectée même par l'enfance, cet âge sans pitié, et la destruction d'un nid d'Hirondelle est-elle considérée comme une mauvaise action, qui doit porter malheur.

L'Hirondelle passe pour un des oiseaux les mieux doués sous le rapport de l'intelligence, et l'on peut ajouter sous le rapport des qualités du cœur. Elle a inventé un ciment auprès duquel notre ciment de Vassy n'est que de la Saint-Jean. La construction de son nid qu'elle sait accrocher au haut d'une fenêtre ou sous une voûte, sans appui, sans fondations, est un véritable tour de force d'architecture. D'un autre côté, au point de vue de la fidélité conjugale et de la tendresse maternelle, elle est un modèle; un modèle également pour l'attachement aux lieux qui l'ont vue naître. Adaptez à la patte d'une Hirondelle sur son départ un petit ruban de couleur, et, au printemps suivant, la couleur du ruban sera peut-être passée, mais non la fidélité de l'Hirondelle à reprendre sa place à la maison qui lui fut hospitalière; et vous êtes presque certain de la voir reparaître avec son bout de ruban, à moins pourtant qu'il ne lui soit arrivé malheur, car ses migrations sont pleines de dangers.

L'Hirondelle a donc la religion du souvenir; elle a la reconnaissance du bon accueil qu'elle a trouvé chez vous. Elle a de plus la pratique d'une grande vertu dont nous croyions peut-être avoir le monopole : la charité. Qu'un couple vienne à périr, les voisins accourent à l'appel de ses enfants affamés et se chargent de la tutelle et de l'éducation des petits orphelins.

Une sorte de sentiment de confraternité la rend secourable aux siens. Ernest Menault, dans son livre : *De l'Intelligence chez les animaux*, cite le cas d'une Hirondelle qui dut son salut à l'assistance de ses compagnes. Cette Hirondelle, ayant un fil à la patte, s'était accrochée accidentellement à une corniche de l'Institut. Sa force épuisée, elle restait suspendue et jetait des cris plaintifs. Obéissant comme à un signal, toutes les Hirondelles des alentours s'étaient réunies au nombre de plusieurs centaines, avaient tenu conseil, et après s'être concertées, se mirent à tour de rôle à donner, en voltigeant, un coup de bec au fil qui retenait la prisonnière; en peu de temps le fil fut coupé et la captive délivrée.

Le berceau.

Batgowki cite un autre exemple de l'esprit de solidarité qui règne entre ces intéressants oiseaux. Un Moineau s'était emparé du nid d'une Hirondelle et ne voulait pas en sortir. D'où contestations violentes; les Hirondelles d'alentour accoururent à l'aide de leur voisine; mais ni les cris, ni les menaces, ni les coups de bec ne purent avoir raison de la résistance du Moineau, s'obstinant dans le nid comme dans un fort. De guerre lasse, les assiégeantes se divisèrent en deux troupes : l'une préposée à la garde du nid, empêchant l'intrus de sortir; l'autre apportant du mortier becquée par becquée et maçonnant le trou de sortie jusqu'à ce que ce trou fût complètement muré. Le ravisseur fut ainsi puni et condamné à périr dans son oubliette.

L'OISEAU-MOUCHE

Vêtus d'une livrée resplendissante de reflets d'argent, d'or, de bronze, et même de pierres précieuses dont plusieurs portent le nom, ces minuscules et splendides petits oiseaux, enfants gâtés de la nature, passent leur existence dans le commerce constant des fleurs, dont leur langue fine et déliée explore le calice, extirpe les menus insectes parasites, sans oublier de se payer de ces petits services en prélevant une partie du miel de la plante.

Au Mexique, au Brésil, à la Guyane, et dans les autres contrées chaudes de l'Amérique, l'Oiseau-mouche remplit la même mission

Améthyste.

que chez nous l'abeille et le papillon, celle d'agent de propagation du pollen et de fécondation des fleurs.

La vue de ses dépouilles, exposées dans les vitrines des naturalistes

Colibri topaze. Rubis-topaze.

vous inspire un regret, celui de ne pouvoir entretenir vivante, en volière, cette petite merveille, enfantée par la création dans un jour de bonne humeur.

Une troupe de ces oiseaux ferait si bien, au milieu des fleurs de leur pays, dans nos jardins d'hiver! Eh bien! ce souhait est parfaitement réalisable en France, attendu qu'il a été réalisé dans l'Amérique du Nord, d'après un récit emprunté à Henri Rochefort. (*De Nouméa en Europe.*)

« Il est peu de Parisiennes portant des Oiseaux-mouches sur leurs chapeaux, qui n'aient été prises du désir de les voir voltiger autour d'elles à l'état libre. Ces volatiles merveilleux, plus communs en Amérique que les abeilles dans nos contrées; s'y acclimateraient facilement, paraît-il. Mais, jusqu'à ce jour, les difficultés du transport

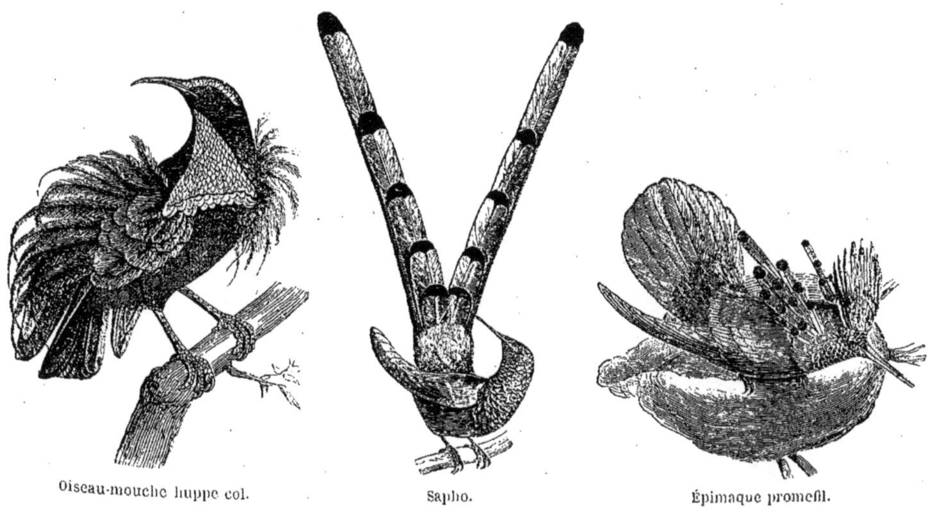

Oiseau-mouche huppe col. — Sapho. — Épimaque promefil.

ont empêché toute tentative sérieuse dans ce genre. Un marchand d'oiseaux établi au Niagara nous assura qu'il croyait avoir trouvé la solution du problème. Voici la clé du procédé. Le marchand a d'abord recherché les fleurs auxquelles l'Oiseau-mouche s'adresse de préférence. Il en a étudié les parfums et goûté les sécrétions. Puis, il en a fait fabriquer artificiellement de semblables, dont il a enduit l'intérieur soit avec du miel, soit avec des confiseries rappelant autant que possible le goût des sucs préférés de l'oiseau. Les expériences tentées par lui à domicile dans les cages où il enfermait ses sujets lui ont prouvé qu'ils mordaient parfaitement à cette amorce et que leur santé n'en souffrait pas. Il est incontestable que cet élevage nécessite des soins continus et une attention extrême dans la confection des fleurs, qu'il faut renouveler ou humecter souvent pour éviter le dessèchement de la liqueur nourricière. Mais les résultats obtenus laissent supposer

Oiseau-mouche rubis.

que ce qui se pratique à cet égard dans les environs de New-York ne réussirait pas moins à Paris, où la température est, en moyenne, à peu près la même. Il y a là toute une branche d'industrie à développer. »

Comme possibilité de réussir chez nous l'acclimatation de l'Oiseau-mouche, il existe un autre côté de la question qui a échappé à Rochefort, et qui ouvre une perspective des plus favorables. L'autopsie de nombreux cadavres d'Oiseaux-mouches a fait reconnaître dans leur estomac des masses de débris de petits insectes. D'où la conclusion que ces intéressants volatiles seraient insectivores en même temps que mellivores, plutôt même insectivores. Mais alors il serait possible de les tenir en volière au même titre que le Rossignol, la Fauvette, le Roitelet, etc., ces autres insectivores, et il est permis d'espérer que l'Oiseau-mouche sera quelque jour l'hôte de nos jardins d'hiver.

Nous venons de passer en revue quelques-uns des individus appartenant à l'ordre des Passereaux. Mon intention n'est pas d'épuiser le sujet : nous n'en aurions jamais fini.

Je ne puis cependant pas sortir de ce chapitre sans jeter un coup d'œil sur la vie privée de trois personnages très connus, qui sont comme les plus gros bonnets de la corporation. Je voudrais pouvoir vous dire que ce sont les plus recommandables; mais, hélas!...

Le fond commun de leur caractère est la méfiance, une méfiance inexplicable à première vue. Alors que leurs petits congénères : l'Alouette, le Pinson, la Mésange, la Bergeronnette, le Pierrot, etc., etc., se laissent approcher sans crainte et vaquent à leurs petites affaires sous nos yeux, sautillant à nos côtés... eux, au contraire, apportent le plus grand soin à se tenir à distance, en gens dont la conscience n'est pas bien tranquille.

Il est de fait que leur casier judiciaire... ah mes enfants! quel bouquet de vauriens!

Le maraudage, le vol, le guet-apens, l'assassinat, tels sont les exploits qui les rangent parmi les pires malfaiteurs, parmi les bandits de profession.

Les voici, à tour de rôle :

LE CORBEAU

Un vorace, celui-ci, et quel vorace! Son appétit insatiable, canaille et peu scrupuleux, en a fait, dans les champs, et probablement à son insu, un agent de la voirie. Ses goûts dépravés, pour lesquels aucune putréfaction n'est sacrée, le portent à engloutir toutes sortes de charognes faisandées : et, comme le croque-mort, dont il porte la livrée, il semble avoir pour mission de faire disparaître les cadavres.

J'ai ouï dire qu'il se pose en protecteur des récoltes, sous prétexte qu'il expurge la plaine de souris des champs et des larves de hannetons; aussi, le campagnard, dont il fait, dans ce sens, les affaires, ne le voit-il pas d'un trop mauvais œil. Pourtant, des gardes champêtres ont affirmé que mossieu du Corbeau aurait l'indélicatesse de prélever une dîme sur les semailles.

L'hiver, viennent les chômages et les temps durs; *tempora si fuerint nubila,* il a recours à *l'hasard de la fourchette,* cette ressource des bohèmes en dèche. Il se répand alors dans les champs, sur les fumiers, piquant dans le tas, au petit bonheur.

Mais, si le cultivateur le tolère, en revanche, le disciple de saint Hubert a mis sa tête à prix, car il faut vous dire que le brigand, lâche comme la plupart de ses pareils, recherche surtout les coups peu difficiles, et n'a pas honte de *suriner* toutes victimes sans défense : gibiers éclopés, faisandeaux au sortir du nid, cailletaux en bas âge, levrauts à la mamelle, perdreaux au maillot, etc.

Il ne se fait, d'ailleurs, aucune illusion sur ce qu'il lui revient de ce chef, et vous en êtes convaincu de reste, à voir l'attention qu'il apporte à maintenir ses distances à l'endroit, ou, si vous le préférez, à l'encontre de tout porteur de fusil, ce qui a fait dire de lui qu'il évente la poudre.

Mais point n'est besoin d'ajouter que, s'il évente la poudre, il ne passe aucunement pour l'avoir inventée. Vous rappelez-vous le jour où il s'avisa d'imiter l'aigle? — Quelle veste, Messeigneurs! quelle

Écumeurs de plaine.

veste mémorable! Et le jour, donc, où bombardé de compliments par maître renard, il se la fit faire au fromage? Quelle candeur, bons

Destruction des corbeaux.

dieux, quelle candeur! Il mord, comme un nigaud, aux pièges les plus grossiers, et il n'y a que le corbeau pour se faire chaperonner par des cornets de papier piqués dans la neige, amorcés avec de la viande et enduits de glu.

Il y a des jours où, perdant la tête, il jette le sens commun par-dessus les moulins, et alors... il abat des noix.

Et pourtant, s'il voulait!... car il n'est pas dépourvu de moyens, l'animal. Je suis convaincu que, s'il consentait à employer à un travail honnête la moitié de la peine qu'il se donne pour se faire mettre à l'index, eh bien, il parviendrait à se faire une jolie situation dans le monde. Il ne tiendrait qu'à lui de monter, tout comme un autre, jusqu'au rang des êtres dont nous avons fait nos serviteurs, et de devenir, lui aussi, un animal domestique.

Un exemple. J'ai beaucoup connu, il y a de cela quelques années, un jeune corbeau de la tribu des choucas. Ce choucas répondait au doux nom de *Bibi*. Il était né dans la tour de la petite ville de X..,, probablement au son des cloches. Peut-être même cette entrée dans le monde, dans l'enceinte du lieu saint, eut-elle quelque influence sur son caractère; mais allons au fait.

Toujours est-il qu'à l'époque où je fis sa connaissance, *Bibi* était entré en service. Il appartenait à un jardinier, qui en avait fait son ami inséparable; on les voyait toujours ensemble, et souvent nez à bec, dans une intimité touchante. Vint la saison de la plantation des haricots. Le jardinier, après avoir labouré, en compagnie de *Bibi*, ses plates-bandes, aligna son cordeau et se mit à creuser des trous en quinconce, comme c'est l'usage. Alors *Bibi*, qui ne perdait pas un seul des mouvements de son maître, s'ingénia à l'aider de son mieux. Il piquait dans la sébile, y puisait une bonne becquée de haricots, et, suivant le cordeau, les portait fidèlement dans chaque trou, sans en chiper un seul. Le jardinier était ravi.

Ce n'est pas tout : joignant l'agréable à l'utile, *Bibi* possédait plusieurs talents de société. Il avait appris de lui-même, avec une facilité étonnante, à imiter le caquetage des poules, l'aboiement de *Médor*, le miaulement du chat de la maison, etc., etc.; en un mot, il était devenu très fort sur les arts d'agrément.

Le jardinier se rendait-il au cabaret, *Bibi* l'y accompagnait, perché sur son épaule. Là, il buvait dans le verre de son maître, interpellait Cadet, le cabaretier, lui portait dans son bec, en sautillant, le montant de la consommation et rapportait de même la monnaie. Pensez s'il avait du succès!

Hélas, rarement elles sont durables, ces conversions de malfaiteurs. Presque toujours l'instinct mauvais, sucé avec le lait, reprend son empire un jour ou l'autre. C'est fatal. Or, un certain matin, comme le jardinier traversait les promenades, son inséparable sur l'épaule, *Bibi* s'entendit interpeller par une compagnie de choucas perchée sur la cîme des ormes, et l'ingrat écoutant la voix des copains plutôt que le cri du cœur s'envola sans dire adieu, et prit, avec eux, la clé des champs.

Par l'odeur alléché.

Quelle mouche l'avait piqué? — avait-il reconnu la voix de sa nourrice? fut-il traité de *faignant* par des confrères en grève? fut-il appelé à ses 28 jours par les lois de sa tribu? — *chi lo sa?*

Toujours est-il qu'il ne donna plus de ses nouvelles. Le jardinier est resté inconsolable; et, même à l'heure qu'il est, on parle encore de *Bibi* chez Cadet le cabaretier. On en parlera longtemps.

LE GEAI, DIT *RICARD*

Un fumiste, un pur!

A première vue, Ricard vous fait l'effet d'un bonhomme : tenue modeste, vêtements courts, de couleur sombre, de coupe commune. Signe particulier : un bouquet de plumes, d'un bleu éclatant, qu'il

Ricard.

porte sur les basques de sa veste, et qui est peut-être, chez lui, l'indice d'une arrière-prétention à la parure.

Il est de fait qu'on lui connaît, de l'autre côté de l'Océan, dans certaines contrées méridionales du nouveau monde, un parent désigné sous le nom de *Geai d'outre-mer*, celui-ci vêtu avec la dernière élégance : riche aigrette, queue d'une longueur plantureuse, livrée splendide. On dirait, à le voir, Ricard paré des plumes du paon.

Ce fastueux Ricard d'outre-mer ne peut être qu'un oncle d'Amérique.

Quant à celui que nous connaissons en France, il est vêtu très simplement, comme il convient à quelqu'un qui s'efface et qui tient, par-dessus tout, à éviter d'attirer l'attention.

A première vue, toujours, ses habitudes sont celles d'un honnête rentier qui ne veut de mal à personne. On peut le voir, à l'arrière-saison, ramasser des glands, qu'il porte avec mystère dans quelque creux d'arbre, dont il a fait sa tirelire, et qu'il recouvre ensuite avec des feuilles mortes, pour bien cacher ses économies à tous les regards. Il jouit de l'estime de son quartier, qui le considère comme un bonhomme inoffensif, rangé, conservateur, abonné à l'*Officiel* et assuré à la caisse des retraites pour la vieillesse.

Ricard le faux bonhomme!

Faussaire, cambrioleur, assassin, tels sont les titres sous lesquels l'histoire impartiale ne manquera pas de le signaler à la postérité; mais n'accusons pas sans preuves.

Trompé par de fausses apparences, M. de La Fontaine avait déjà vu, chez Ricard, un plagiaire; mais il n'avait vu qu'un plagiaire. Il

Prise de bec.

est de fait que le drôle possède un talent d'imitation assez singulier, et qu'il reproduit, à s'y méprendre, le cri des divers habitants de la forêt. Mais, là où le fabuliste n'aperçoit qu'un plagiat, nous allons constater le faux le mieux caractérisé.

Voulez-vous prendre Ricard sur le fait? Vous n'avez pour cela qu'à le filer avec prudence et à le voir opérer.

Abusant de ses moyens et de ses talents de ventriloque, voyez-le attirer hors de chez elles des couveuses sans méfiance, de braves mères de famille, tantôt par l'attrait d'un concert factice qu'il sait faire éclater subitement dans quelque massif, tantôt par le désir d'aller dire son fait à quelque chouette imaginaire, dont il contrefait le cri de détresse et qu'elles croient clouée au pilori du piège à poteau. Le but qu'il poursuit, en agissant ainsi, est-il celui d'une séance de virtuosité inoffensive? Évidemment non. Il est guidé en ceci par une intention machiavélique : celle de trouver les garnis abandonnés et à sa merci. Il a donc recours, en ce cas, à une imitation criminelle, à une contrefaçon que vous n'hésiterez pas à qualifier de frauduleuse, et qui, au fond, n'est autre chose qu'un véritable faux, punissable des travaux forcés (article 117 du Code pénal).

Et en effet, dès qu'il juge le moment propice, Ricard exécute un demi-tour, passe à domicile et pille à discrétion, dans les alcôves sans défense, œufs et nouveau-nés, les plus chers trésors des malheureuses dupes qu'il vient d'attirer au dehors.

Cela fait, le drôle disparaît sans bruit.

Bientôt, ce n'est qu'une clameur dans la forêt, convertie par le fait de ce brigand en forêt de Bondy. Que de ruines! que de deuils! Ce ne sont que lamentations et malédictions, que pleurs et grincements de bec. Nul doute que le coupable, s'il était connu, ne se vît appliquer la redoutable loi de Lynch.

Mais quoi? qui donc songerait à soupçonner Môssieu Ricard, un bonhomme qui se nourrit de glands! *Dis-moi ce que tu manges...*

Pendant ce temps-là, horreur! Ricard le cambrioleur, Ricard le cannibale, digère en tout repos, et jouit en paix, à l'abri d'un chêne touffu et de la justice de sa localité, du produit de ses crimes, prêt à récidiver à l'occasion.

Ah! Messieurs, il est des forfaits qui sont comme autant de signes du temps, et quand vous voyez une société, comme celle des Passereaux, posséder dans son sein beaucoup d'exemplaires de ce Ricard, vous pouvez dire, sans crainte de vous tromper, que cette société-là est bien malade!

A-t-il seulement des remords, le scélérat endurci? C'est peu présumable; mais, à défaut de remords, il est consolant de penser qu'il est poursuivi par le trac, un trac bleu qui le harcèle et ne lui laisse aucun

Geai longhup.

repos. Il a beau se persuader qu'il a su se créer un alibi, en affectant de ramasser des glands, il n'en est pas moins vrai qu'il peut avoir été vu sans qu'il s'en doute. Il se sent, dès lors, à la merci d'une dénonciation, et, à cette idée, une venette intense le secoue de la nuque à la queue, et se trahit : à la tête, par sa perruque qui se hérisse à tout propos; à l'extrémité opposée, par un effet physique que j'hésite à préciser, mais que vous devinez facilement, et qui, paraît-il, est le résultat des grandes peurs. Cette dernière particularité a même fait de Ricard un être tellement sale, que tous ceux d'entre nous qui ont voulu le tenir en captivité se sont vus contraints d'y renoncer.

Toujours est-il qu'il est poursuivi par cette idée fixe qu'au détour de chaque sentier, que derrière chaque buisson, il est exposé à se rencontrer bec à bec avec plus fort que lui (car il est poltron de sa nature, et d'ailleurs mal outillé pour la défense), et à passer un vilain quart d'heure s'il est mis en demeure de rendre des comptes.

Aussi, soit pour s'étourdir et se donner du cœur, soit pour en imposer et faire croire à sa bravoure absente, a-t-il l'habitude de ne traverser la forêt qu'en criant à tue-tête.

Il est beaucoup de geais à deux pieds comme lui.

LA PIE

J'ai l'honneur de vous présenter miss *Margot,* une élégante. Tenue demi-deuil : linge blanc, coiffure de jais, tunique de soie noire, jupe idem, à longue traîne. Le maintien serait correct, n'était l'allure inquiète et surtout les intempérances de langue, qui lui donnent un air commère. Son bavardage est devenu proverbial, et l'on dit couramment : « Bavard comme une pie. »

Margot n'a pas la voracité bestiale de son confrère Colas. Elle fait montre, au contraire, des appétits raffinés du gourmet le plus délicat. Il lui faut vivres frais, menu varié : entrées, hors-d'œuvre, rôti, dessert.

Le dessert, elle le trouve dans nos vergers, où elle met les cerises au pillage, choisissant les plus belles, les plus rouges, les plus mûres, les plus savoureuses, car elle s'y connaît, la gaillarde. Les autres, elle nous les laisse.

Le maraudage des nids lui fournit les œufs à la coque. Comme hors-d'œuvre : insectes divers.

Enfin, le rôti, elle le doit, comme son confrère ci-dessus nommé, au braconnage, où elle apporte un art consommé.

Méfiez-vous de *Margot;* c'est une fine mouche, une créature dangereuse, et la tenue, chez elle, est un masque dont elle se sert pour dissimuler les instincts les plus pervers. Constamment aux aguets,

Margot hôte de la maison.

épiant ce qui se passe, elle sait adroitement tirer parti de tout : d'une faute d'attention, d'une panique qu'elle fait naître, à l'occasion, avec une astuce merveilleuse.

Voyez-la s'approcher d'une compagnie de jeunes perdreaux; elle les étourdit par ses cris; harcèle le père, harcèle la mère, et finalement, si quelque pauvre petit, paralysé par la peur, reste en arrière,

Margot.

elle l'entraîne, la voleuse d'enfants, lui promet des gâteaux, l'emmène dans quelque coin, et là... le saigne sans pitié.

Margot excelle dans tous les genres de crimes, mais son triomphe est le vol. Là dessus elle rendrait des points au pick-pocket le plus roublard des Trois-Royaumes.

C'est même là la cause qui l'a empêchée de faire son chemin, car on avait songé, jadis, à domestiquer *Margot* et à en faire un hôte de la maison; mais sa passion pour tout ce qui brille : couverts d'argent, pièces de monnaie, bracelets, bijoux, etc., compromit son avenir, et l'on dut renoncer à utiliser ses services à la suite d'une scandaleuse affaire de vol de diamants qui fit grand bruit et dont vous n'êtes pas sans avoir entendu parler. Point n'est besoin de vous rappeler comment il advint qu'une pauvre servante, dont l'innocence fut reconnue trop tard, paya de la vie un crime qui n'était pas le sien, alors que c'était *Margot* qui eût dû porter sa tête sur l'échafaud.

L'histoire de la Pie voleuse a fait le tour du monde. Heureux les Passereaux qui n'ont pas d'histoire! La légende a des variantes: en voici une originale qui me tombe sous la main, et que je préfère à toutes les autres, parce que la morale y trouve sa sanction. Je vous l'offre, d'ailleurs, s. g. d. g.

Il s'agit d'un dessin divisé en trois parties, publié en 1885 par *la Chasse illustrée*.

Ce dessin est intitulé : *la Pie voleuse*. Drame moral en trois tableaux.

La scène se passe dans la cour d'une habitation de campagne.

Personnages : *Tom*, chien bull, rôle de concierge. (C'est à lui qu'on parle en entrant.)

Margot, rôle de la Pie voleuse.

Décors : au fond de la cour la loge de *Tom*, avec sa botte de paille, sa chaîne, son collier débouclé, son écuelle vide; en un mot, les différentes pièces de son mobilier. A l'horizon, un vieux tonneau debout; pots de fleurs renversés.

1er *Tableau. — Mauvais dessein.*

La scène représente *Tom*, tenant sous sa patte un os de bœuf, quelque pourboire sans doute, et prenant ses dispositions pour un déjeuner sur l'herbe.

Survient *Margot*. « Part à deux! » insinue-t-elle.

Tom fixe de travers cette intrigante, en montrant les dents. Signe de refus.

2e *Tableau. — Le vol et le châtiment.*

Margot, qui a plus d'une ruse dans son sac, s'écrie tout à coup : « Au feu! » *Tom* se retourne involontairement et alors, vlan!! (le coup du Commandeur) l'os passe de la patte de *Tom* au bec de *Margot*, qui prend sa volée.

Mais, *illico*, *Margot* est happée au vol et appréhendée par la rude mâchoire de *Tom*.

De saisissement, elle pousse un cri affolé; sur ce, l'os tombe à

Mauvais dessein

Le vol et le châtiment.

Le triomphe du droit.

terre, en compagnie de pas mal de plumes.

3e *Tableau. — Le triomphe du droit.*

Tom, rentré en possession de son bien, emporte l'os entre ses crocs, par le travers, fier comme un avocat qui vient de gagner sa première cause, cependant que *Margot*, perchée sur le vieux tonneau, répare en sanglotant le désordre de ses ajustements, mis en lamentable état.

Moralité : fallait pas qu'elle y aille.

GALLINACÉS

Si j étais naturaliste, et si j'avais à définir l'ordre des Gallinacés, je le baptiserais ordre des favoris de la broche, de la lèchefrite, de la daube, de la terrine et de la casserole.

Il est remarquable, en effet, qu'alors que certains ordres : les Rapaces, les Grimpeurs ne peuvent fournir aucun appoint aux menus du monde civilisé; que certains autres : les Palmipèdes, les Échassiers, les Passereaux renferment des masses d'individus qui ne sont pas mangeables (on ne mange pas du Cormoran; on ne mange pas de la Grue; on ne mange pas du Corbeau, du moins sous peine d'avoir à s'en repentir), — le Gallinacé, lui, est comestible sous toutes les formes, sur toute la ligne, depuis le succulent Dindon, jusqu'à la minuscule et délicieuse Caille, en passant par le Poulet, le Coq de bruyère, le Faisan, la Gélinotte, la Perdrix rouge et grise, etc., etc.

Ce qui, dès lors, sert à distinguer le Gallinacé des autres ordres, c'est qu'il n'est pas de fête gastronomique sans lui, et que, sur toutes les tables on le célèbre haut la main, ou plutôt haut la fourchette, le verre rempli des meilleurs crus.

Mais mon point de vue de portraicturier me ramène à un courant d'idées tout autre, et si j'ai à vous dépeindre les Gallinacés, c'est surtout au point de vue de leurs mœurs, de leurs habitudes et de leurs diverses particularités.

Ceci dit, pénétrons chez les Gallinacés ci-dessus nommés, et essayons d'entrer avec eux, sinon sur le pied d'une intimité absolue, tout au moins en relations suffisantes pour pouvoir les saluer, quand nous les rencontrerons dans le monde, comme des gens de connaissance.

LE COQ

Son nom (*Gallus* en latin) vous le désigne comme le Gallinacé par excellence.

Je crois n'avoir pas besoin de vous décrire la race commune, que tous connaissent pour l'avoir vue à la campagne.

Je vous présenterai seulement deux types, qui passent pour avoir donné naissance, par voie de croisements, à nos races françaises du Nord et du Midi, et qui seraient alors comme les intermédiaires entre les races sauvages primitives, celle de Bankiva et autres et celles que nous cultivons depuis de longues années.

Le premier de ces types, le père présumé de la plupart de nos volailles du Nord, est un type bien Gaulois.

Le voici sous ce titre :

Les combattants.

Ce sont des volailles; ce ne sont pas des poules mouillées, tant s'en faut.

Le Coq est maître d'armes; il est même réputé pour la plus fine lame de l'espèce. Sa spécialité a longtemps consisté à figurer, comme champion, dans des assauts publics, qui donnaient lieu à des paris, souvent considérables. Seulement, dans ces sortes de séances, les assauts étaient de véritables duels, à ergots démouchetés, et, à chaque passe, le sang coulait... sur les plastrons.

La poule est pétulante, vagabonde, querelleuse, forte en... bec : la dame Angot des basses-cours. Mais elle rachète ce manque de tenue par une qualité maîtresse : elle est une des meilleures pondeuses connues. Comme rendement en œufs et en gros œufs, elle est une bête tout à fait recommandable.

On la dit mauvaise couveuse; les méchantes langues qui ont propagé ce bruit malveillant ont entendu parler, sans doute, des poules séquestrées en parquet. Effectivement, cette race demi-sauvage, ennemie de toute contrainte, ne couve bien qu'en liberté.

Mais, si elle ne brille pas par les qualités maternelles, en revanche,

Race commune.

la Combattante est épouse fidèle, et pour cause, car la vigilance du mari tient les autres coqs à distance. Si quelque audacieux s'avisait d'en conter à Madame, il faudrait en découdre sur-le-champ, aller sur le terrain et croiser... le bec; et alors, sang et plumes! il en résulterait du désagrément pour la peau du conteur et l'aspect seul d'un gâte-chair de cette apparence est bien fait pour donner au coq le plus brave... la chair de poule.

Jugez-en plutôt :

Haut sur pattes, la jambe fine et nerveuse, le corps cambré, l'attitude presque perpendiculaire, le plastron proéminent, la queue en verrouil, comme une rapière; le cou long et flexible, comme celui d'une couleuvre; le bec presque droit, long et effilé comme une dague; la tête petite et revêtue d'une membrane écarlate faisant l'effet d'un foulard rouge noué sous le menton (car, chez lui, les joues, les oreillons, les barbillons, tout est rouge, comme la crête); les plumes du plastron et les ailes collées au corps et luisantes, comme une cuirasse; l'œil hardi et provocateur; le port fier, élégant, plein d'aisance, de confiance en soi, de crânerie, de défi : tel est le Coq combattant.

Tête de coq sauvage de Bankiva.

Ce n'est pas lui qui céderait le pas au Dindon, au Paon, à la Pintade; bon pour les races dégénérées de baisser pavillon devant ces tyrans de basses-cours; quant à lui, je n'affirmerais pas qu'il soit sans reproche, mais vous pouvez tenir pour certain qu'il est sans peur. Cet audacieux spadassin ne supporte pas les brimades et se charge parfaitement à l'occasion de remettre à leur place Paons, Dindons et Pintades (1).

Il semble avoir été façonné, taillé et outillé pour le combat. Chez lui, la tête est dépourvue de ces ornements qui, dans la bataille, sont autant de causes de désavantage : ni aigrette, ni panache, ni huppe

(1) Vous n'êtes pas sans avoir remarqué que, règle générale chez les gallinacés, l'arrivée de tout intrus est regardée d'un très mauvais œil par les gens de céans. Le nouveau venu se rend, de son côté, parfaitement compte de l'état des choses; vous le voyez à son air craintif, à ses efforts pour se dérober ou se cacher. Cette règle comporte plus d'une exception en faveur des Combattants, qui sont des individus au cœur fort et que rien n'intimide. J'en ai eu récemment une nouvelle preuve. Ayant introduit, dans un compartiment occupé par un dindon blanc fort querelleur, un coq de combat âgé de 2 ans, écrêté et fort agile, il me fut donné d'assister au curieux spectacle de la première entrevue de ces deux animaux. Le dindon, faisant la roue, se dirigea avec lenteur vers le coq, poussant force gloussements qui étaient comme autant de provocations et de préliminaires d'attaque. On eût pu croire que le coq aller passer un mauvais quart d'heure, ce qui eût eu lieu infailliblement s'il eût eu le malheur de se laisser influencer. C'est ce qu'il comprit, sans doute, car sans hésiter il sautait à la tête du dindon, avec un tel élan qu'il retombait de l'autre côté, une pincée de plumes blanches au bec. Le dindon ahuri par la soudaineté et l'imprévu de cette attaque, se le tint pour dit et il n'y eut pas de bataille. Seulement, à dater de ce jour-là, le dindon ne se gavait qu'après que le coq avait pris son repas, lui premier, au plat de pâtée.

aveuglante. Le corps, au lieu d'affecter la forme arrondie et massive des autres spécimens de l'espèce galline, est mince, finet, oblong, effacé, comme pour offrir moins de prise aux coups; la flexibilité du col, la longueur des pattes semblent lui avoir été départies pour donner du ressort aux coups de pointe projetés par le bec ou infligés par l'éperon, de manière à accentuer les blessures.

Coq espagnol.

Ce que la nature a fait dans ce sens, l'homme l'a retouché à son point de vue à lui, à un point de vue barbare.

Voici ce qu'il a fait :

Dès l'âge de cinq à six semaines, il a pris le jeune sujet mâle, et, à l'aide de ciseaux tranchants, il a enlevé au petit animal la crête et les barbillons, de même qu'au Bull, cette autre bête de combat, il a supprimé la queue et les oreilles, les accessoires en un mot, qui, dans la lutte, sont autant d'*impedimenta*.

Le courage départi au petit gallinacé pour sa défense personnelle, l'homme l'a mis au service d'une curiosité cruelle, de sa soif de lucre. Il en a fait matière à représentations publiques, presque toujours accompagnées de paris.

Ainsi, dès que l'oiseau, modifié comme on l'a vu à l'aide de ciseaux, eut atteint l'âge adulte, son bourreau choisit deux coqs, constata leur poids égal, les mit en présence et les lâcha l'un contre l'autre en prononçant le mot sacramentel : « Allez! »

Il fit plus : il fit plus mal. Dans le but de rendre l'assaut plus sûrement meurtrier, il attacha préalablement à la patte de chacun des champions une lame d'acier aiguë et tranchante. Du coup, il changeait le combat en massacre, le duel en boucherie.

Tête de Poule espagnole.

L'usage des combats de coqs remonte à la plus haute antiquité. Cette sorte de sport a été en faveur, depuis un temps immémorial, en Amérique, en Angleterre, en Belgique, et même en France, principalement dans nos départements du Nord. Elle n'est plus guère dans nos mœurs et tend, heureusement, à disparaître.

Si la poule de combat, avec ses variétés : *dorée*, *argentée*, *pile*, paraît être l'ancêtre de nos races du Nord et de l'Est, la poule Espagnole avec son plumage lustré, sa patte nue gris-plomb, son large oreillon blanc passe pour n'avoir pas été étrangère à la fabrication de nos races de l'Ouest et du Midi et beaucoup d'éleveurs sont d'avis qu'il ne faudrait pas gratter longtemps nos poules du Mans, de la Flèche, de Crèvecœur, de Barbezieux, de la Bresse pour retrouver la race Espagnole.

Cette belle race comporte plusieurs variétés : noire, blanche, cendrée. La plus jolie, à mon gré, la plus typique est la variété noire remarquable par la splendeur de son plumage soyeux et velouté, à

Le premier travail en ce monde.

reflets métalliques vert bronzé, et par le contraste de ses oreillons blancs et d'une partie de ses barbillons de même couleur, tranchant sur la livrée noire.

De taille supérieure à la moyenne, le Coq Espagnol est un animal fièrement campé, de magnifique prestance, la tête chargée d'ornements; le camail et les lancettes lustrés et comme criblés de reflets éblouissants.

A voir sa crête énorme, droite et dentelée, faisant l'effet d'un tricorne, les caroncules opulentes flottant sur son plastron noir comme des fourragères et des aiguillettes sur un uniforme de cavalerie, ses oreillons et une partie de ses barbillons blancs, d'un blanc de buffleterie passée au blanc d'Espagne; son plumage propre, luisant et comme astiqué; les écailles lisses de ses tarses et de ses doigts ajustées symétriquement, comme s'il ne lui manquait pas un bouton de guêtre; à voir, dis-je, l'ensemble de la livrée de ce Coq, de si fière allure, vous ne pouvez vous empêcher d'admirer et de le trouver beau d'une beauté militaire, beau... comme un gendarme, dont il a la tenue martiale et aussi, paraît-il, le courage stoïque.

On prétend qu'il cache beaucoup de cœur, sous son plastron noir; qu'il tient tête à l'oiseau de proie, ce braconnier des volailles, et qu'il ne craint pas de se mesurer, malgré l'infériorité de son armement, avec les malfaiteurs ailés de la pire espèce. La police des champs est son fait; une souris est pour lui un régal et vous pouvez compter sur sa vigilance pour purger vos récoltes des vermines de toutes sortes qui sont la plaie du cultivateur.

La poule, remarquable par les larges plaques blanches qui saupoudrent ses joues, ce qui est la marque des bonnes pondeuses, est tout à fait digne du coq sous le rapport de la crânerie. Sa crête, à elle, au lieu d'être droite, est fièrement posée de travers, et la coiffe comme d'un béret rouge, ce qui lui donne une physionomie mutine, à la fois coquette et tapageuse.

Rien d'élégant, de riche, de splendide comme un beau troupeau d'Espagnols noirs. A distance, l'ensemble de toutes ces têtes surmontées de rouge écarlate, fait l'effet d'un massif de coquelicots.

La volaille est l'une des grandes distractions de la vie à la campagne, et je ne sache pas de plus intéressant passe-temps pour une dame ou pour de tout jeunes enfants que celui de la récolte des

Une proie de grosse importance.

œufs, de la mise en incubation, de l'éclosion des petits poulets, des gloussements de la couveuse encourageant les poussins à briser leur coquille, de son ardeur à les défendre contre un danger souvent imaginaire, comme si elle voulait leur inculquer la prudence et la méfiance contre l'inconnu et les liaisons parfois dangereuses.

Rien de curieux à observer comme les convoitises des petits friands d'insectes, à la vue d'une mouche ou d'une araignée qu'ils ne peuvent atteindre, leurs discussions pour la possession d'une sauterelle, une proie de grosse importance.

Inquiétude maternelle.

Il est des circonstances où le cœur de la poule éleveuse est soumis à une épreuve bien pénible; lorsque, par exemple, on l'a chargée de l'éducation de petits canards.

Les marmots n'ont pas plus tôt aperçu la mare qu'ils s'y précipitent à l'envi, malgré ses appels désespérés. Pendant qu'elle s'évertue à crier au secours, eux se font fête de barboter, semblant la traiter de vieille folle, et ne rentrent sous sa direction qu'à leur bon plaisir.

La suite de l'éducation des poussins est une vraie et saine distraction pour votre jeune enfant, mais alors il s'y attache ; et il ne ferait pas bon lui laisser supposer que jamais il pourra être question de la broche pour ses petits amis.

Il vous faudra donc, si, habitant la campagne, vous tenez à manger une volaille, ne pas la prendre chez vos élèves, mais bien à la ferme. Mais alors surgit un premier inconvénient trop malheureusement fréquent, celui de la maigreur du sujet. Cela étant, j'ai l'espoir que vous ne me saurez pas mauvais gré de vous donner les moyens dè résoudre le problème de gastronomie que voici : faire figurer sur la table un beau et bon poulet, dans les prix doux.

La solution comporte deux temps.

Premier temps. — Vous faites acheter sur le marché un poulet venant de la campagne, un poulet quelconque, n'appartenant à aucune race définie, peu importe. Ce poulet vous revient, en moyenne à 2 francs ou 2 fr. 50. C'est un grand garçon, vigoureux, bien portant, comme tout ce qui a vécu au grand air; seulement, il est d'un maigre! — Cela tient à ce que nos bons campagnards ignorent absolument ce que c'est que de faire la moindre dépense pour la nourriture de la volaille.

Aussi a-t-il vécu de bric et de broc; du grattage des fumiers; de grenaille perdue; de l'herbe qui pousse autour de l'habitation : de tout ce qu'il a pu trouver de lui-même à ses risques et périls et... de l'air pur des champs!

Dès lors vous admettez que, s'il est maigre, maigre comme un hareng saur, ce n'est pas sa faute. Il ne faut donc pas lui en vouloir; mais il convient, préférablement, de le soumettre au régime suivant :

Deuxième temps. — Lui ayant délié les pattes, vous l'introduisez (avec toutes sortes d'égards, car il est d'une grande sauvagerie) dans un petit local désigné sous le nom d'épinette. Sur le devant de l'épinette a été disposé, d'avance, un vase à deux compartiments contenant : l'un, de l'eau fraîche; l'autre, le menu de votre pensionnaire. Ce menu consiste en pommes de terre cuites à l'eau, puis écrasées et mélangées à du laitage et à du remoulage. Pommes de terre et laitage peuvent être remplacés par des restes de soupe et de légumes cuits, croûtes de pain trempées dans des eaux grasses de cuisine, mais le remoulage est de rigueur et ne saurait être remplacé par du gros son, le gros son ayant l'inconvénient de relâcher le sujet et de nuire au succès de l'opération.

Dès que votre poulet s'est rendu compte que c'est bien à lui que

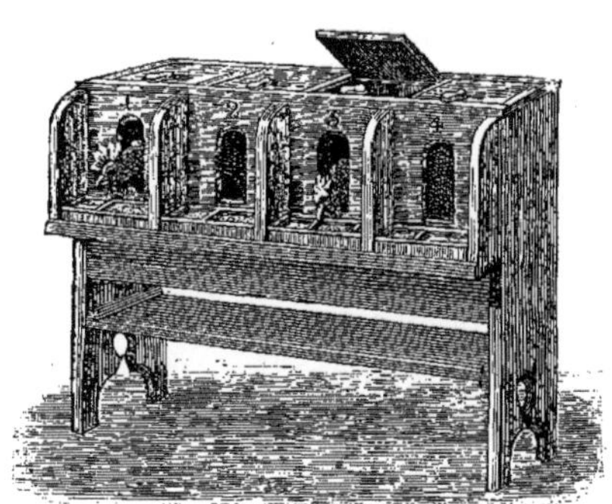

Épinette (1).

ce plat succulent s'adresse, il y goûte, avec hésitation d'abord; puis, surmontant la timidité du premier moment, il ne tarde pas à s'en payer à bec que veux-tu; une vraie noce à vingt francs par tête (vins non compris), et il se gave ainsi jusqu'à ce que son jabot, distendu outre mesure, l'avertisse qu'il est temps de s'arrêter et qu'il n'y a plus de place.

J'avais oublié de vous dire que, autant que cela est possible, il est avantageux que l'épinette soit disposée dans une pièce maintenue dans une demi-obscurité et à une chaleur douce (15 à 18 degrés centigrades environ). Il n'est pas indifférent, non plus, que l'épinette soit construite de façon que le poulet se tienne juché, et, tout en n'étant pas gêné, ne puisse virer de bord, auquel cas le plat à pâtée serait exposé à faire l'office de vase de nuit.

(1) Voir la *Poule pratique*, par E. Leroy. Firmin-Didot, éditeur.

Dans ces conditions favorables de chaleur et de demi-obscurité, votre convive ne tarde pas à s'assoupir et il digère tranquillement son premier repas, dans le silence du cabinet. Vous profitez de ce moment où, accroupi sur ses pattes, il dort du sommeil du juste, pour renouveler sa provision et pour qu'à son réveil il trouve la table servie. Il recommence alors avec le même entrain, et ainsi de suite, sans que jamais vienne la satiété. Songez que le gaillard n'a jamais mangé à sa suffisance, qu'il s'est couché plus d'une fois avec la faim, et que son estomac a plus d'une lacune à combler.

Au bout d'une quinzaine de jours de ce régime, et de ces festins de Balthazar, votre poulet a acquis un embonpoint remarquable; son poids a doublé, et, comme succulence, il a gagné cent pour cent. C'est alors que la broche le réclame.

LE DINDON

Ce magnifique gallinacé, la plus belle recrue de nos basses-cours, nous vient des États-Unis de l'Amérique du Nord, où il existe à l'état de gibier sauvage.

Sa première apparition en France date de 1570, et il eut cette fortune de figurer aux festins de noces du roi Charles IX, sur un plat d'honneur.

La gêne de ses mouvements peu en harmonie avec ses prétentions à la gravité, ses colères pleines de gaucherie, le font paraître sous un aspect grotesque et ridicule et lui ont fait une réputation de stupidité. Mais il paraît que cette réputation n'est pas justifiée, et que, à l'état sauvage, il est très circonspect, très méfiant, particulièrement apte à se garder, à ce point que le chasseur a toutes les peines du monde à l'approcher à bonne portée.

Des tentatives ont été faites, dans ces derniers temps, pour propager dans nos tirés d'Europe, le Dindon à l'état de gibier, comme on a fait pour le Faisan, et à cet effet, divers spécimens sauvages ont été demandés à l'Amérique. Ces tentatives ont donné des résultats encourageants.

M. De la Rue nous apprend qu'en 1882 le comte de Breüner fit venir des prairies américaines un petit troupeau de Dindons sauvages : trois coqs et quatre poules, et que ces oiseaux, installés dans son vaste domaine de Graffeneck, dans la basse Autriche, se sont mul-

Dindon sauvage. (Mâle.)

tipliés au point que, cinq ans après, les gardes estimaient à 580 sujets, le nombre des Dindons existant sur le domaine, sans compter 150 égarés qui avaient été tués dans les chasses voisines.

L'expérience vient d'être renouvelée chez nous tout récemment par M. Récapé, inspecteur de la forêt de Marly, dans les tirés du Président de la République, à l'aide d'un couple de Dindons sauvages à lui confiés par M. de Cherville, qui les avait reçus de M. le docteur Léon Lefort.

Le Dindon sauvage, au plumage sombre à reflets bronzés du plus riche effet, a la taille plus forte, la structure plus élégante et moins massive que son confrère domestique. Il est aussi plus robuste et son élevage présente moins de difficultés. Aussi commence-t-il à être recherché par les fermiers comme sujet de croisement destiné à régénérer nos races de basse-cour. Les succès qu'il vient d'obtenir dans le dernier concours agricole sont la meilleure preuve du grand cas qu'on en fait à la ferme.

LE HOCCO

Le Hocco représente une branche de la famille des Dindons.

Le *Hocco* est un gallinacé très ornemental et une bonne recrue pour nos volières.

Le Hocco, vous le savez, est originaire des forêts de l'Amérique du Sud. Il est de la taille d'une dinde, mais le corps plus allongé, plus haut sur pattes, le port élégant et gracieux. La tête, qui est intelligente, supporte une huppe de plumes noires, frisées et luisantes, de l'effet le plus original.

HOCCO.

« Les Hoccos, dit Chenu, vivent en grandes troupes dans les forêts de l'Amérique méridionale ; mais ils n'ont de sauvage que leur demeure : la douceur et la tranquillité forment leur caractère. Ils ne semblent craindre ni même connaître les dangers ; peu soigneux, en apparence, de la conservation de leur propre existence, ils ne fuient nullement les occasions de la perdre. Aublet en a tué jusqu'à neuf de la même bande avec le même fusil, qu'il rechargea autant de fois qu'il fut nécessaire. Ils eurent cette patience. Je me suis souvent trouvé, dit Sonnini, au milieu de bandes considérables de ces paisibles Oiseaux, que ma présence ne paraissait pas intimider. Aussi cette sorte d'insouciance donne la plus grande facilité de les détruire. »

« Le meilleur moyen de faire la chasse aux Hoccos, dit D'Azara, c'est de parcourir les bois, le soir et le matin, jusqu'à ce qu'on entende crier ces oiseaux; on avance alors droit et vite vers eux, pour les faire voler sur quelque arbre où il est facile de les tirer; sans cette précaution, ils courent et se perdent sans qu'on puisse les découvrir. »

Le Hocco est rare dans les volières d'amateurs; on ne le rencontre guère en captivité que dans les jardins zoologiques, et c'est vraiment dommage, car c'est un oiseau très domesticable et tout à fait intéressant.

Cette classe de gallinacés renferme un grand nombre de variétés différentes de taille et de livrée, et, sur un album que M. A. Geoffroy Saint-Hilaire a bien voulu me communiquer, j'en ai remarqué plus de vingt espèces, les unes au bec jaune, d'autres au bec noir, d'autres encore au bec rouge. Le Jardin d'acclimatation du bois de Boulogne en possédait tout récemment et en possède peut-être encore six ou sept variétés.

Quelques amateurs : MM. Pomme, Aquarone, Ameshoff et tout récemment M. Lagrange dans ses magnifiques volières de La Croix Verte, près Autun, ont obtenu la reproduction du Hocco. Le problème de son acclimatation a donc été résolu.

Le couple que j'ai en ma possession n'a pas reproduit jusqu'ici, mais c'est un couple d'importés, et il paraît que les oiseaux d'importation ne donnent quelquefois des produits qu'au bout de quatre ou cinq ans.

J'en ai fait l'acquisition au mois d'octobre; ils ont passé l'hiver sous le couvert où je les enfermais, mais où cependant ils ont eu à endurer un froid assez vif, sans paraître en souffrir.

Leur menu se compose de soupe, mie de pain trempée dans du

lait, salades, graines diverses, blé, sarrasin, avoine et surtout maïs. Ils adorent les fruits : groseilles, cerises, framboises, et broutent volontiers le gazon de leur compartiment. Cette année ayant été abondante en hannetons, je leur ai donné de ces insectes dont ils se montraient avides.

Leurs mœurs sont très douces et ils viennent volontiers, à l'appel, manger dans la main. Leur cri est une espèce de miaulement qui n'a rien de désagréable.

Lorsqu'on leur donne une mie de pain ou un fruit, le mâle (du moins celui que je suppose tel, car chez cette espèce le sexe est difficile à reconnaître), le mâle, dis-je, appelle sa compagne et lui offre la friandise. Celle-ci la lui cueille au bec, puis la lui rend pour se la faire offrir de nouveau; ce manége plein d'enfantillage se prolonge ainsi indéfiniment.

Le soir les trouve perchés invariablement côte à côte; leur perchoir préféré est une barre de bois, large de huit centimètres environ et disposée à plat, suivant le modèle adopté généralement pour les volailles.

LE TALÉGALLE

Un oiseau qui n'est pas sans analogie avec le Dindon, et qui n'est pas moins intéressant, c'est le *Talégalle* d'Australie, qui a résolu, par la seule force de l'instinct, le problême de l'incubation artificielle.

Le Talégalle ne couve pas ses œufs lui-même, ainsi que le font les autres espèces.

« C'est la chaleur développée par la fermentation de végétaux en pourriture que le Talégalle utilise pour son couvoir artificiel (1).

(1) *Le Jardin d'acclimatation illustré*, par Pierre Pichot, directeur de la *Revue Britannique*.

Doué de pattes robustes, il ramasse, en les poussant derrière lui, tous les détritus végétaux qui entourent l'endroit qu'il a choisi pour élever sa famille, et qu'il réunit en meule, les mélangeant avec de la terre humide, pour hâter leur décomposition. Cela fait, la femelle creuse, à 14 ou 20 centimètres l'un de l'autre, dans la meule, des trous où elle dépose un œuf, qu'elle recouvre soigneusement,

Talégalle de Latham.

laissant à la nature le soin d'achever l'œuvre qu'elle a commencée.

« Cependant le mâle ne cesse pas de s'occuper de son monticule, tout en en construisant d'autres, dans lesquels la femelle continue sa ponte. Il exhausse son travail, y pratique des saignées et des tranchées qu'il remplit de matériaux frais, découvre et recouvre les œufs, comme pour s'assurer des progrès de l'incubation, et les surveille, en un mot, avec autant de soin que mettrait un cuisinier à suivre la cuisson d'un plat succulent.

« Au bout d'un mois environ, le jeune oiseau sort de sa coquille..... »

LE TRAGOPAN

Au point de vue ornemental, on peut dire de lui qu'il est une des plus belles acquisitions de nos volières.

Comme structure, il n'a rien qui rappelle les élégances du Faisan : pattes courtes, queue écourtée, cou mesuré, formes massives.

La femelle ressemble assez à une grosse perdrix grise, qui serait de la taille d'une pintade.

Voilà pour le port.

Quant au vêtement, c'est une autre affaire.

La livrée du mâle est d'une splendeur toute orientale, d'une richesse à donner des éblouissements. Huppe rouge, garnie d'une mèche noire au milieu, oreillons et fanons bleus, cornes bleues dirigées en arrière, cou et poitrine rouge-orange et rouge-feu, tout le reste du plumage d'un rouge roux, constellé d'ocelles comparables à celles de la queue du paon, et d'un bleu éclatant sur les parties supérieures, d'un bleu pâle sur les flancs et sous le ventre.

Chacun des mouvements de l'oiseau fait miroiter ces ocelles comme autant de diamants.

C'est à la double membrane qui surmonte son chef que le Tragopan doit son nom qui signifie : paon bouc ou paon cornu.

La femelle est vêtue très simplement, sa robe est gris-marron-clair, marbrée de noir et de marron-foncé et parsemé de taches blanchâtres.

Je viens d'essayer de donner, du mieux qu'il m'a été possible, et par à peu près, une faible idée de l'uniforme du coq Tragopan, mais je dois faire observer qu'il s'agit là du tragopan en petite tenue.

La gravure ci-jointe nous le présente dans l'attitude que prend par instants cet oiseau étrange, les richesses cachées qu'il étale au grand jour, le luxe asiatique qu'il déploie et qui dépassent tout ce que l'imagination peut rêver de plus féerique.

Pour vous en donner une idée, j'extrais ce qui suit du compte

Le Tragopan.

rendu par M. Delaurier, de ses élevages d'oiseaux exotiques (*Bulletin de la Société d'Acclimatation*, n° d'octobre 1878) :

« Tragopans de Temminck adultes... En certaine saison la physionomie du mâle, principalement le soir et le matin, est vraiment singulière. L'année dernière, je n'avais point vu l'oiseau sous cet aspect, mais cette année, moi et d'autres visiteurs avons pu fréquemment l'observer. L'oiseau semble subitement pris de convulsions, il redresse ses cornes et sa huppe; ses fanons d'un beau bleu, ornés de longues taches d'un rouge vif, paraissent saillir de sa gorge à la suite de mouvements saccadés : il s'enfle de partout, se redresse brusquement, apparaît revêtu d'un magnifique plastron tombant presque jusqu'à terre; puis il rentre ses appendices à l'aide des mêmes mouvements de tête pour recommencer un instant après. »

Le Tragopan, petite tenue.

Les essais d'acclimatation du Tragopan remontent à quelques années à peine. M. Polvliet, de Rotterdam, célèbre éducateur d'oiseaux exotiques, obtint, l'un des premiers, la reproduction du Tragopan de Temminck.

Il fit, en 1871, au Jardin d'acclimatation d'Anvers, l'acquisition d'un couple de ces oiseaux, au prix de onze cents francs. Si vous trouvez ce prix exorbitant, je vous ferai observer que le premier couple de faisans de lady Amherst qu'il nous fut donné d'admirer au Jardin zoologique du bois de Boulogne fut payé, à Anvers, la somme de cinq mille francs. Le prix payé par M. Polvliet, pour un oiseau nouveau, compatriote de l'Amherst, était donc relativement un prix doux.

La valeur énorme de certains volatiles d'importation récente est toujours un sujet d'étonnement; mais, en allant au fond des choses, il est facile de se convaincre que cette valeur n'a rien d'exagéré.

Ainsi, pour en revenir à nos moutons, les premiers Tragopans qui nous sont parvenus du Thibet ont dû faire, avant d'arriver à Shang-Haï, port d'embarquement, un trajet d'environ trois cents lieues à dos d'homme. Il paraît que, dans le Thibet, les moyens de communication manquent absolument et que le transport ne peut se faire qu'à dos d'homme.

Les oiseaux sont enfermés dans une grande cage, aussi légère que possible, munie de vivres de route, et font ainsi un trajet de dix lieues par jour en moyenne, avec une relâche d'un jour de repos environ par semaine, parce que ce genre de locomotion les fatigue beaucoup, à ce point qu'arrivés au port, il est nécessaire de leur accorder de trois semaines à un mois de station en volière pour les remettre en santé. Passé ce délai, on peut, s'il ne survient pas d'accident, les embarquer pour l'Europe.

L'arrivée dans nos climats, quand elle s'accomplit sans encombre, — ce qui n'a pas toujours lieu, car beaucoup ne peuvent supporter le trajet, — est suivie d'une période de convalescence plus ou moins longue, jusqu'à ce que les sujets étrangers se soient remis des épreuves du voyage et se soient accoutumés au changement de milieu et de régime qui les attend chez nous.

Le Tragopan sera-t-il, chez nous, un gibier? Je ne le crois pas.

C'en est un en Chine, où il représente le genre Tétras, mais à certaines altitudes (de 6,000 à 9,000 pieds au-dessus du niveau de la mer) et dans un certain milieu de fourrés épais, favorables à la fuite et à la défense.

Soit que notre climat ait la propriété de l'amollir, soit que sa nature se prête d'une façon particulière à l'apprivoisement, je crois que sa destinée doit se borner à embellir nos volières d'abord, et ensuite, peut-être, nos basses-cours de luxe, où il remplacerait avec avantage le Paon, si querelleur, la Pintade si vagabonde, tous deux si criards. Le Tragopan, lui, est silencieux, et vous avez pu apprécier, pour peu que vous ayez eu pour voisins des Paons ou des Pintades, combien, dans la basse-cour, *le silence est d'or*.

Certes, la description de cet oiseau merveilleux a pu vous paraître bien extraordinaire, si extraordinaire, que vous êtes tenté de crier à l'invraisemblance. Mais ai-je besoin de vous rappeler que tout ce qui nous vient de la Chine semble fait exprès pour renverser nos idées reçues? Ne savons-nous pas que le Canard y est monogame et qu'on l'y honore comme l'emblème de la fidélité conjugale? que la Perdrix y a des habitudes qui sont les antipodes des habitudes des Perdrix de notre pays?

Dès lors, rien doit-il nous étonner de ce qui nous vient de ce pays étrange, où les Perdrix sont percheuses, où les Canards ont de la vertu!

LE TÉTRAS

Encore un gibier qui s'en va.

« Plusieurs causes, dit M. de la Rue dans *la Chasse illustrée,* s'opposent à ce que le grand Coq de bruyère se multiplie comme les autres oiseaux; voici les principales :

La femelle pond à terre sur la mousse, dans un lieu sec; je ne sais si on peut donner le nom de nid à un amas de matériaux grossiers composé de branches sèches, de feuilles, d'herbe, etc. Elle y dépose de cinq à huit œufs qu'elle recouvre imparfaitement lorsqu'elle va chercher sa nourriture. Ces œufs, comme on voit, sont exposés à tous les accidents, à la merci de tous les animaux nuisibles, l'homme compris.

Ce n'est donc guère que des jeunes sujets qu'on abat dans les chasses ordinaires; ajoutons que le vol d'un grand vieux coq est d'une rapidité qu'on ne soupçonnerait pas chez un oiseau d'apparence assez lourde, et le tireur qui pourrait se flatter de tuer régulièrement un coq passant à sa portée, soit en battue, soit autrement, serait sans contredit le meilleur parmi les meilleurs fusils connus.

Nous ne savons si l'acclimatation de l'Auerhahn (ou grand Tétras) a jamais été sérieusement tentée; mais il est vraiment regrettable que ce magnifique oiseau ne se trouve plus qu'accidentellement dans les régions où autrefois il était pour ainsi dire commun.

Il n'a cependant pas entièrement disparu de notre sol français, et pas plus tard qu'hier, nous avions sous les yeux une lettre dans laquelle notre éminent collaborateur M. Gridel annonçait à M. Bellecroix qu'il avait vu, quelques jours auparavant, quinze coqs et poules de bruyère, avec lesquels il espérait bientôt mettre en relations notre honorable rédacteur en chef.

Ce n'est pas tout; les petits, qui courent en sortant de la coquille, sont longtemps avant de pouvoir voler : aussi sont-ils décimés par tous les animaux de rapine. Le Tétras, jeune encore, est-il suivi par un chien, il se branche et, uniquement préoccupé du danger qu'il vient de courir, la tête inclinée vers le sol, il ne voit pas le chasseur qu'il laisse approcher.

Mais il y a encore un autre empêchement à la multiplication de l'Auerhahn; dans la période qui dure de mars en avril, ce n'est plus le même oiseau. Despote sans égal, il ne souffre pas qu'un de ses semblables s'approche de ses poules réunies autour de lui, il ne permet pas que l'une d'elles s'éloigne un seul instant de sa cour.

J'ai tué, dans ma vie, un seul Auerhahn; je dessinerais l'arbre

Le grand Tétras, en Styrie.

sur lequel il était branché, mais ma mémoire ne me suffirait pas pour faire un bon portrait de ma victime.

L'Auerhahn affectionne particulièrement les hauts sapins situés en montagne; cependant, il se tient aussi dans les taillis les plus fourrés. Mais, à l'approche de l'hiver, il se retire dans les futaies de résineux les plus sombres et les plus épaisses; au printemps, il retourne à sa résidence de prédilection. Là, durant le jour, il cherche sa nourriture sous les taillis, dans les ronciers, dans les buissons d'épines; le soir, il s'envole avec un grand bruit d'ailes pour se brancher sur l'arbre le plus voisin, où il s'endort, se croyant à l'abri de tout danger.

Ce sont ces habitudes qu'il importe au chasseur d'étudier, afin de connaître le lieu où se tient l'oiseau, pour l'approcher ensuite : ce qui, sans cela, lui serait tout à fait impossible, car le Tétras est très rusé et d'une méfiance extrême.

Mais il vient un moment où cette nature sauvage et craintive est entièrement dominée par un autre sentiment : c'est vers la fin de mars et pendant une partie du mois d'avril.

Durant cette période il ne voit plus le danger qui le menace, il n'entend plus rien. Il est nécessaire de rester très tard en forêt, pour épier le coq, afin de reconnaître la place où il passera la nuit; c'est le meilleur moyen de le retrouver lorsqu'on viendra le lendemain, avant le jour, pour le tirer. Il n'est pas rare qu'il revienne passer plusieurs nuits de suite sur le même arbre, et il se tient le plus souvent tout en haut d'un grand sapin, parfois sur une grosse branche inclinée. La moindre chose insolite qui viendrait troubler la solitude du lieu de réunion que les Tétras ont adopté, suffit pour les faire décamper; ils vont s'installer ailleurs. Aussi le chasseur qui va le soir écouter le brancher doit-il prendre toutes les précautions imaginables pour bien se cacher et ne pas faire de bruit.

Une des causes de la disparition du Tétras, c'est que, ainsi que l'écrit M. Riou, dans une note relative à un voyage qu'il fit en Styrie; en Styrie, comme ailleurs, on chasse le Coq de bruyère vers mars et avril, et c'est grand dommage à notre gré, car il n'est pas douteux que la disparition de ce bel oiseau, qui jadis habitait en nombre des régions d'où il a complètement disparu aujourd'hui, ne tienne à la guerre désastreuse qu'on lui livre à l'époque même où il travaille à la reproduction de l'espèce.

Disons cependant que le grand Coq de bruyère est encore assez abondant en Styrie pour que les effets de ces destructions y soient moins déplorables qu'ailleurs.

Toutefois, il n'y est pas assez commun pour qu'on puisse le chasser spécialement au chien d'arrêt. Ce n'est que par hasard qu'on le rencontre et surtout qu'on le rejoint, quand il est parvenu à l'âge adulte.

C'est sur les branches de l'arbre où il perche que les chasseurs tuent le Coq de bruyère, en Styrie. Nous fîmes comme les autres, et nous eûmes la chance d'en abattre un. Après l'avoir mangé et savouré, je pris un croquis du magnifique oiseau et de la maison de notre guide.

Il y aurait peut-être un moyen de conjurer l'anéantissement de ce splendide gibier, ce serait de faire de l'élevage artificiel de Auerhahn comme on fait de l'élevage de Faisan.

C'est ainsi que, en 188., j'ai possédé durant quelque temps dans mes volières deux jeunes couples de petit Tétras, ou Black Cock ou Tétras à queue fourchue, qui firent leur mue chez moi et dont je parachevai l'éducation.

Je m'étais procuré ces jeunes sujets à Arco, en Tyrol, auprès de M. Althamer, qui en élève tous les ans quelques-uns.

Ces Tétras, enfermés dans une caisse à claire-voie mirent quatre jours à faire le trajet.

Ils avaient été approvisionnés de vivres de route consistant en graines de maïs enfermées dans un petit sac attaché à la caisse avec une pancarte portant en gros caractères ces mots : « Prière de donner à manger »; et les employés du chemin de fer n'avaient eu garde d'y manquer, car à l'arrivée, la caisse était tapissée d'une litière de grains de maïs.

Bien que le Black Cock soit tout aussi sauvage que le grand Tétras, il n'y paraissait pas à ces jeunes, dont trois étaient familiers au point de cueillir des sauterelles au bout de mes doigts.

Je les nourrissais avec de la mie de pain, du maïs, des baies de genièvre, du chou et de la salade; mais ce dont ils étaient particulièrement friands, c'étaient des sauterelles. Avec une sauterelle, je me serais fait suivre par eux au bout du monde. Ils s'attaquaient volontiers aux aiguilles des petits sapins dont était plantée leur volière, et qu'ils avaient fini par dénuder complètement.

Tétras à queue fourchue. (Mâle et femelle.)

FAISANS

Les Faisans constituent une famille tellement nombreuse et difficile à classer que, pour sortir d'embarras, je me trouve dans la nécessité de les subdiviser en Faisans de volière et Faisans de chasse, encore ne suis-je pas bien certain que ce subterfuge me tirera d'affaire, parce que quelques-uns d'entre eux, qui sont ou qui promettent de devenir d'excellents sujets de chasse (l'Elliot, entre autres) sont encore, et jusqu'à nouvel ordre, tenus en volière.

Faisans de volière

LE FAISAN DORÉ

L'un des plus anciens hôtes de nos volières, peut-être, le plus éclatant de plumage, le plus gai de caractère est sans contredit le Faisan doré, du nord de la Chine.

A son empressement à venir recevoir les hommages du visiteur, on voit combien il est fier de sa beauté.

Faisan doré.

Le soin qu'il prend, lorsqu'il est effrayé, de se précipiter contre le grillage de sa prison — *les pieds en avant*, — vous dit assez quels égards il professe pour la moindre plume de son riche vêtement.

Il craint la trop grande ardeur du soleil.

N'oubliez pas de disposer des perchoirs sous son hangar.

C'est là, dans la partie la plus reculée, qu'il passera ses après-midi dans la belle saison, et vous l'y surprendrez juché, à l'ombre, paupières closes, ensommeillé.

Examinez-le, beau en ce moment comme il l'est toujours, — mais sous un autre aspect; — l'attitude perpendiculaire et non plus horizontale, — sa longue queue flammée de rouge vif tombant presque jusqu'à terre.

Aux légers soubresauts qui agitent de temps en temps son aigrette, aux monosyllabes qui s'échappent de son... bec, vous avez compris qu'il voyage en plein pays des rêves.

Quel peut bien être le rêve d'un pareil drôle?

Pouvez-vous le demander? Un rêve doré! — Un rêve chinois! — Cela va sans dire.

Le Faisan doré comprend plusieurs variétés : l'ordinaire d'abord, puis la variété dite *Charbonnier* à joues noires (la femelle a le plumage comme saupoudré de poussière de charbon), et enfin la variété *Isabelle*, qui diffère de l'ordinaire en ce que les plumes de la poitrine, au lieu d'être rouges, sont d'un beau jaune d'or. Depuis quelque temps, on trouve aux annonces de journaux avicoles des offres de *Faisan doré royal*. Cette variété est plus petite que l'ordinaire et d'une livrée plus éclatante.

LE FAISAN DE LADY AMHERST

Ce fastueux rival du Faisan doré, nous vient comme lui du Thibet. Ils doivent avoir de grands degrés de parenté car l'agencement et le dessin de leur livrée est identique : même collerette de plumes érectiles, même attitude élancée, même manière de faire la roue. La couleur seule diffère. Le Faisan doré représente la beauté rouge à collerette jaune, l'Amherst la beauté vert bronzé à collerette blanche. Les poules de chaque variété sont presque identiques, et les croisements entre Doré et Amherst donnent des sujets féconds. Tous deux, d'ailleurs, sont désignés par les naturalistes sous le nom de *Thaumalés : Thaumalea picta* le Faisan doré, qui semble peint, tant la richesse de ses couleurs est invraisemblable, et *Thaumalea Amherstia*, son proche parent, le Lady Amherst.

Le premier couple de Faisans de lady Amherst introduit au Jardin d'acclimatation du bois de Boulogne a été acheté à Anvers, comme nous l'avons vu plus haut, et a coûté 5000 francs.

En 1874, il avait encore une grande valeur, et vous avez peut-être encore présent à la mémoire une nouvelle à sensation parue dans les journaux de l'époque, et signalant la perte d'un coq de Lady Amherst dévoré par les rats dans une des volières du Jardin zoologique pendant une nuit néfaste de l'hiver de 1874. Ce coq était estimé douze cents francs.

Depuis lors, et grâce aux efforts de M. Geoffroy St-Hilaire qui a donné tous ses soins aux premières multiplications de ce splendide oiseau, et les a favorisées par des cheptels confiés à des mains expertes, le Lady Amherst s'est reproduit au point que sa valeur actuelle est à peu près la même que celle du Faisan doré.

Ces deux Faisans, comme la plupart de leurs congénères, demandent plusieurs femelles. J'ai tenu en volière un coq Amherst qui en a eu jusqu'à six.

Aussi, la plupart des accidents de volière proviennent de mariages monogames.

Il y a des circonstances, je le reconnais, où la rareté et la cherté des sujets empêchent de donner plus d'une femelle à chaque coq, mais alors, il y a à prendre quelques précautions que je m'empresse de vous indiquer.

Le premier couple de Faisans Amherst que j'eus en ma possession me causa plus d'un souci. Vers le commencement d'avril de l'année 187., le coq, sous l'empire d'une de ces hallucinations trop fréquentes qui portent ces oiseaux aux extrêmes, se mit à persécuter sa faisane avec des allures qui n'avaient rien de rassurant; et celle-ci, qui ne se faisait pas d'illusion sur le genre de poursuites dont elle était l'objet, poussait des cris d'effroi. Ce n'était pas drôle du tout; à cette époque l'Amherst était encore rare, et je n'avais que cette seule poule. La reproduction était compromise. Je crus bien faire en transportant la Faisane dans un compartiment séparé, mais contigu à celui du coq Faisan; je les tins ainsi quelque temps, isolés l'un de l'autre, mais pouvant se voir néanmoins et peut-être se réconcilier au premier jour. En effet, peu de temps après, je vis le coq faire la roue, dans une attitude très respectueuse, et la poule, confiante cette fois, sauter après le grillage pour se rapprocher. J'ouvris une trappe de séparation et

Faisan de lady Amherst attaqué par des rats. (Jardin d'acclimatation.)

j'eus la satisfaction de constater que je venais de faire deux heureux.

Cependant, la bonne harmonie ne dura pas; on était en pleine ponte et la persécution avait recommencé. J'avais affaire, décidément, à un de ces coqs vicieux que rien ne corrige.

De guerre lasse, il me vint à l'idée d'aller chercher à la basse-cour une petite poule d'une espèce tapageuse, criarde, intransigeante, et d'introduire dans la volière où régnait la mésintelligence une poule combattante naine. « Si celle-ci ne suffit pas, me dis-je, à rétablir le bon ordre, j'en introduirai deux, j'en introduirai trois. » Je n'eus pas cette peine. Le résultat dépassa mon attente. Succès complet.

La petite tapageuse n'eut pas plus tôt mis les pattes dans le parquet, que le coq faisan fit mine de la persécuter à son tour et de lui faire sentir le poids de sa colère. Oh! alors, les choses changèrent de face. La petite poule, habituée à toutes sortes d'égards de la part du coq de sa basse-cour, accueillit sa poursuite avec des piailleries, des éclats de voix qui partaient comme un bouquet de jurons. On eût dit une écaillère épuisant à l'endroit de ce malappris tout le vocabulaire des Halles, lui jetant à la tête les noms les plus mal sonnants. Tant et si bien que ce fastueux Asiatique, si absolu à l'endroit des privilèges du sexe fort, en restait confondu, ahuri. Le bec lui en tombait. Cette distraction énergique eut pour résultat de couper court à sa colère et de le faire passer à un ordre d'idées plus pacifique.

La poule naine resta dans le parquet toute la saison et je n'eus pas d'accident à enregistrer. Je vous recommande le moyen.

LE FAISAN ARGENTÉ

L'un des Faisans d'agrément les plus répandus est le *Faisan argenté* ou Faisan *nycthémère* (nuit et jour), originaire, lui aussi, du nord de la Chine. — Plumage d'un blanc éclatant moiré, de noir; gorge, thorax et abdomen d'un bleu-indigo très brillant; huppe noire; tarses et pieds rouges. La livrée du mâle Faisan argenté est d'une grande beauté, non d'une beauté éclatante, comme celle du doré, mais d'une beauté sévère, châtiée. Cette livrée est celle du demi-deuil. Son chant est une espèce de roucoulement monotone et plaintif.

La femelle est d'un plumage uniforme, couleur suie.

Ce faisan est très gros, très élégant, et, de même que le doré très familier, à ce point que beaucoup d'amateurs tiennent ces deux variétés en liberté, sans les enfermer dans des volières.

Si vous voulez gagner ses bonnes grâces, offrez-lui des vers de terre,

Faisan argenté.

dont il est friand, et surtout des escargots qu'il avale avec la coquille, sans se donner la peine de les extraire.

LE FAISAN HOUPPIFÈRE DE SWINHOÉ

Un beau Faisan, d'un élevage facile, d'une ponte précoce et qui commence à être apprécié au point de vue ornemental est le faisan houppifère ou *de Swinhoë*.

En apprenant qu'il est originaire de l'île Formose, ce magnifique oiseau, vous souriez et ne pouvez vous empêcher de commettre *in petto* un petit bout de *formosior ipse* bien involontaire, que sa grâce élégante, la richesse de sa livrée, sa marche scandée et pleine de noblesse vous arrachent malgré vous.

Il est beau, d'une beauté sévère comme l'argenté, avec lequel il a, par ses mœurs, la facilité de son élevage, son cri, son attitude, ses habitudes, sa ponte précoce, beaucoup d'analogies.

La livrée du mâle est d'un beau bleu foncé à reflets métalliques, d'un dessin formant des lignes sur le cou et la poitrine et des écailles sur les couvertures des ailes et le croupion. La monotonie de la nuance uniforme de cette livrée se trouve rompue d'une façon originale par une large collerette de plumes blanches sur le milieu du dos, deux plumes blanches tranchant sur les plumes bleues de la queue, une huppe blanche et une membrane rouge s'épanouissant autour de l'œil.

Lorsque le mâle est excité, il fait entendre une sorte de gloussement monotone; ses caroncules rouges se dilatent démesurément en forme de carré, les plumes du croupion se hérissent au point de doubler son volume, ce qui ajoute à l'harmonie de ses formes et à l'opulence de son riche manteau.

Le plumage de la femelle est d'un brun fauve sur le dos, chaque plume terminée d'un fer de flèche d'un beau jaune d'or; la gorge et les parties inférieures d'une nuance plus claire losangée de jaune.

La famille des Faisans de volière est nombreuse; mon intention n'est pas de faire une nomenclature qui, complète aujourd'hui, aurait l'inconvénient de ne l'être plus demain, puisque nos collections s'enrichissent tous les jours de variétés nouvelles.

Faisans de chasse

Parmi les variétés tenues en volière, il existe des faisans qui donneront et il en est qui ont donné d'excellents sujets pour la chasse; mais la principale condition à remplir, dans cet ordre d'idées, est celle-ci : que ces faisans soient *susceptibles de se croiser avec le faisan commun*, et que leur union avec ce dernier puisse donner *des sujets féconds;* car il arrive fatalement ceci, c'est que le jour où vous décidez de lâcher dans vos chasses quelque variété nouvelle tenue d'abord en volière, cette variété prend contact avec le Faisan commun, qui est répandu partout, et alors le croisement est inévitable.

Il existe des Faisans qui, dans ce sens, ont fait leurs preuves et ont donné d'excellents résultats au point de vue de l'amélioration de la race commune. Parmi ces faisans se place au premier rang :

LE FAISAN DE MONGOLIE

Mes relations avec le Faisan de Mongolie datent de 1870.

D'un bon tiers plus petit que le Faisan ordinaire, le Mongol se distingue de ce dernier par un bec légèrement crochu, une tête fine et aplatie surmontant un col long et ondulant comme celui d'une couleuvre, des formes plus élancées qui le rendent plus apte à un vol rapide, et un plumage incontestablement plus riche.

L'ensemble de la livrée, chez le mâle, est d'une beauté sévère, de nuances harmonieusement fondues : calotte cendrée, encadrée d'une ligne blanche, cou vert à reflets bleus, orné d'un collier d'un blanc pur; flancs jaunes, tachetés de noir; gorge et abdomen réunissant toutes les nuances du cuivre; miroir nacré sur les ailes; croupion bleu clair à reflets vert émeraude; queue très longue, rayée de noir et de marron.

La femelle a le plumage de la poule commune, mais plus clair, plus luisant, d'un dessin plus net.

Le port fier, toujours aux aguets, constamment sur ses gardes, la queue non traînante, comme celle du faisan commun, mais légèrement relevée, les ailes pendantes comme pour un vol toujours prêt, le Mongol est d'une sauvagerie qui le rend difficile à surprendre.

Quant à sa fécondité, elle est de beaucoup supérieure à celle du Faisan commun ou Faisan de Bohême, reconnaissable à l'absence de collier; et j'ai eu telle poule de Mongolie qui m'a donné jusqu'à soixante-treize œufs. Aussi le croisement avec le Faisan commun était-il tout indiqué, pour infuser à ce dernier un sang nouveau, une dose de sauvagerie plus grande et une fécondité plus riche, et actuellement nous voyons la plupart des Faisans qui peuplent les tirés de Ferrières, d'Apremont, et autres, revêtus de l'estampille du Mongol, à savoir : le collier, le miroir nacré plus ou moins teinté de verdâtre, et au pli de l'aile, sur un fonds nacré à l'origine puis lavé de vert par suite du croisement, quelques lignes nettes, blanches chez le Mongol, de teinte plus claire que le fond chez le sujet croisé.

Les jeunes élèves Mongols sont rustiques, et leur éducation en volière ne m'a paru présenter aucune difficulté. Je me souviens qu'en

Faisan de Mongolie.

1871, j'élevais dans mon jardin des Faisandeaux variés obtenus d'œufs dont l'incubation avait été confiée à des poules négresses du Japon.

A l'élevage, les jeunes Mongols, mélangés à des Faisandeaux dorés, argentés, communs, etc., se montraient, dès leur bas âge, d'une méfiance remarquable, et pleine de promesses pour un oiseau-gibier.

A l'époque de la mue, et pour faciliter aux oisillons le passage de cette période critique, je lâchais tous les matins en liberté mes élèves, les plumes d'une aile coupée pour leur ôter la possibilité de s'échapper. Une des trappes de leur volière, levée à cette intention, leur donnait la clef du jardin.

On les rentrait seulement le soir, en les poussant dans une encoignure correspondant à cette trappe. Les élèves dorés, argentés, et même communs, rentraient sans trop se faire prier; mais pour faire rentrer les Mongols, c'était toute une affaire. On n'a pas d'idée de la ruse, de l'astuce déployées par ces faisandeaux, pour échapper à l'obligation de reprendre leur prison.

La rentrée avait lieu au coucher du soleil, et, dans les lignes d'ombre projetées par les plantes exposées aux rayons obliques, ils savaient si bien se raser, se dissimuler, observant le dessin, les lignes du milieu où ils se cachaient, de manière à s'harmoniser avec ce dessin, à ne pas heurter ces lignes en se mettant en croix, que nous avions toutes les peines du monde à les retrouver. Il nous fallait battre et rebattre trois ou quatre fois le terrain, plante par plante, buis par buis, touffe par touffe, et, chose étrange! il nous arrivait souvent de retrouver un des fugitifs tapi derrière une touffe déjà vérifiée à trois ou quatre reprises.

Qu'était-il arrivé? — Nos oisillons, se sentant poursuivis, ne perdaient pas un de nos mouvements, et, tout en se dissimulant, changeaient de place avec un art savant qui trompait notre attention, et s'avançaient derrière nous sans paraître, profitant des accidents du terrain. En un mot, on eût dit que les rôles étaient intervertis et que c'était nous, les chasseurs, qui étions les chassés.

Ainsi, au contraire de la peur bête que saisit le Faisan commun lorsqu'il est poursuivi, et qui le fait simplement se raser, se raser pour se raser, qui le paralyse, qui le met à la merci souvent d'un coup de bâton; la peur du Faisan mongol est une peur raisonnée, intelligente, savante, qui l'oblige à se garder *quand même*, à observer l'ennemi tout en se cachant, à changer de place suivant les circonstances, de poursuivi à se faire au besoin poursuivant, tout en observant ses distances.

L'un de mes jeunes, entre autres, m'intrigua d'un façon incroyable.

Il manquait au comptage fait au moment de la rentrée, et ne pouvait se retrouver. Était-il retourné en Mongolie? C'était peu probable. Avait-il été croqué par un chat? Mystère!

Toujours est-il que je le considérais comme perdu. J'en avais fait mon deuil, lorsque, quelques jours après, les élèves étant au pâturage, je m'avisai de les compter.... Ils étaient au grand complet; personne ne manquait au troupeau. J'avais retrouvé mon élève.

Le Faisan de Mongolie.

A la rentrée du soir... encore un de moins... (le même probablement). — J'étais fort intrigué.

Où était-il passé? — On chercha; on rechercha..., peines perdues! Enfin, de guerre lasse et voulant en avoir le cœur net, je pris une lumière dans la soirée, vers neuf heures, et je parcourus le jardin. Je n'omis aucun recoin et inspectai tout, jusqu'au bas des murs. A la fin, ma recherche fut couronnée de succès.

La lumière de ma lampe, se projetant sur un petit œil noir tout grand ouvert, me fit découvrir mon drôle. Voici ce qui s'était passé :

A la base du mur, — un vieux mur aux teintes grises, — et à un demi-pied du niveau du sol, une pierre manquait, qui s'était détachée depuis un temps plus ou moins long. Il y avait là un vide, une cachette qui n'avait pas échappé à l'attention du faisandeau, et mon élève, mettant à profit cet accident, s'était avisé de remplir le vide avec son corps, et de s'incruster, pour ainsi dire, dans la maçonnerie. Je m'expliquai alors parfaitement l'insuccès de mes recherches précédentes :

La teinte grise du mur était observée; l'alignement aussi : c'était le faisandeau qui remplaçait la pierre absente.

LE FAISAN VERSICOLORE

Ce Faisan doit son nom à la teinte de sa livrée, où le vert foncé est la couleur dominante. Cou violet, abdomen et flancs d'un vert bronzé, dos vert, plumes rayées de jaune, tectrices alaires rayées de jaune, de noir, de vert et de violet; rémiges brunes tachées de blanc; rectrices grises maculées de noir.

Depuis que je me suis adonné à l'élève de ce faisan, j'ai été à même d'apprécier chez lui les mêmes qualités de rusticité, de sauvagerie et de fécondité que chez le Mongol.

Ces deux variétés ont de grandes affinités avec le commun; leurs poules se ressemblent étonnamment, et Mongols et Versicolores sont susceptibles, entre eux et avec ce dernier, de croisements qui donnent des sous-variétés aptes à se perpétuer sans altérations de couleurs.

Je suis fréquemment consulté par des propriétaires désireux d'introduire le Faisan dans leurs chasses, sur la question de savoir à quel type il convient de donner la préférence.

Ma réponse est invariablement celle-ci : — Prenez le Mongol; prenez le Versicolore.

— Mais ils sont plus petits que le faisan commun.

— Erreur; grave erreur. Ce ne sont pas les Faisans mongol et versicolore qui sont plus petits; c'est le Faisan commun qui est plus gros : plus gros que nature, plus gros que les dimensions qu'il a eues à l'origine et qu'il devrait avoir.

Cela tient à ce que les morcellements de la grande propriété sont venues changer les conditions d'existence de ce Faisan, au point qu'actuellement on est obligé la plupart du temps, pour le maintenir, de le reprendre au piège chaque année en fin de saison, de le nourrir et de le faire reproduire en captivité, absolument comme une volaille.

Cette existence bourgeoise imposée au faisan commun, depuis un certain nombre d'années, a modifié profondément l'économie de l'oiseau du Phase. A ce régime, il a pris du corps; son volume s'est augmenté; il a engraissé comme un oiseau de basse-cour; en un mot, il a pris la taille remarquable que nous admirons aux étalages des marchands de comestibles.

Certes, mais ses facultés de défense, ses aptitudes premières se sont amoindries d'autant; s'il n'était pas l'objet d'une garde vigilante, on pourrait le chasser au bâton.

On a vu des poules faisanes soi-disant sauvages, venir pondre dans les granges de la ferme. J'ai aperçu l'hiver dernier un coq commun gratter sur un tas de fumier devant une écurie de chevaux de course.

Ce serait tomber dans des redites que de raconter le résultat de mes observations au sujet des qualités particulières du Faisan versicolore du Japon. Tout ce que je sais du Mongol et du Japonais m'amène à cette conclusion : que les deux font la paire.

Il arrive souvent que les poules faisanes, même d'espèce sauvage, demandent à couver en volière, surtout si cette volière est spacieuse et bien pourvue d'abris. Mais, dans ce cas, il est prudent d'isoler la couveuse, au moins à la veille de l'éclosion. Non seulement son coq, mais ses compagnes si elle en a, doivent être, au moyen d'une trappe entr'ouverte, puis refermée après leur départ, relégués dans un autre compartiment.

L'inobservation de cette précaution me coûta, une certaine année, quelques jeunes sujets que je regrette encore.

A la suite d'une ponte assez prolongée, l'une des deux poules de mon parquet de Versicolores se mit à couver quelques-uns de ses derniers œufs que j'avais, avec intention, laissés au nid, après avoir reconnu chez elle des velléités d'incubation.

Dans l'intervalle, la couveuse fut dérangée par sa compagne chaque fois que celle-ci allait pondre, car elles avaient adopté toutes deux le même nid, ce qui enrichissait ce nid d'un nouvel œuf, mais ce qui amenait surcharge et promettait des naissances fort irrégulières.

L'éclosion eut lieu dans la nuit du 5 au 6 août. Un grand bruit d'ailes et des cris qui m'éveillèrent et que j'attribuai d'abord à une panique, avait une autre cause dont je me rendis compte au matin. Je pus alors constater que la naissance des jeunes avait été le signal d'une bataille : la faisane mère, battue à la fois par son coq et par sa compagne, était reléguée dans un coin : les œufs non éclos avaient été cassés et les nouveau-nés, assommés à coups de bec, gisaient épars aux abords du nid.

J'allai les recueillir. Tous étaient déjà froids et la plupart mis à mal. Pourtant, cinq d'entre eux moins grièvement blessés purent être réchauffés et rappelés à la vie.

La mère ayant été installée dans un compartiment séparé, on lui rendit ses cinq petits qu'elle se mit à rallier et à maintenir sous ses ailes, puis elle s'accroupit pour bien se les assimiler.

L'éducation suivit son cours; dès le 10 août, les jeunes commençaient à s'éparpiller et à chercher d'eux-mêmes leur nourriture; à l'âge de 15 jours, ils se mirent à percher avec leur mère.

D'autres œufs de versicolore, confiés à des couveuses de basse-cour, donnaient des naissances également le 6 août, ce qui me valut l'occasion de faire une étude comparée des deux genres d'élevage. Je pus constater, et cela n'a rien de surprenant, les résultats incontestablement supérieurs de l'éducation par la poule faisane. Les petits de celle-ci étaient plus vifs, plus alertes, plus pétulants, plus élancés; le plumage plus lisse; l'allure plus fière.

Mais revenons à notre sujet. Nous avons vu que le seul reproche adressé aux Faisans auxquels je donne mes préférences, s'applique à la petitesse de leur taille.

Il est un Faisan d'importation récente, qui se charge de répondre à ce reproche. Je veux parler du *Faisan vénéré*, du Thibet, — un voisin par conséquent du Faisan de Mongolie, et qui dépasse de beaucoup, comme grosseur, notre Faisan commun.

LE FAISAN VÉNÉRÉ OU DE REEVES

Le *Faisan vénéré* est ainsi nommé parce que les Thibétains, peuple superstitieux, lui brûlent de l'encens comme au roi des Faisans.

Introduit depuis 1868 seulement, ce Faisan, remarquable par sa grosseur exceptionnelle et par sa majestueuse beauté, n'a pas tardé à se multiplier chez nous.

Grosseur exceptionnelle, beauté de plumage, riche fécondité, aptitude à s'acclimater dans nos contrées et à se bien défendre au bois, ce faisan réunit, en effet, toutes les conditions désirables chez un oiseau de chasse.

L'attitude fière du mâle; sa structure à la fois robuste et élégante; son plumage d'une richesse incomparable, arrachent un cri d'admiration à quiconque l'aperçoit pour la première fois.

Il semble, au surplus, avoir conscience de son haut mérite, et, à son maintien, on voit qu'il sait très bien qu'il occupe une des premières places dans la hiérarchie des Faisans. Son port plein de noblesse semble vous dire :

« Prince ne daigne,
« Vénéré suis. »

Sa livrée est une parure d'écailles de différentes grandeurs et de différentes nuances, formant un dessin des plus riches : écailles d'or cerclées de noir du haut du col à la naissance de la queue; écailles blanches pareillement cerclées de noir aux couvertures des ailes; écailles blanches et havane-clair cerclées de havane-foncé à la poitrine et aux flancs. Le ventre est marron-foncé.

Sa queue, aussi longue que celle du Paon, et qui mesure, chez l'oiseau adulte, jusqu'à 1 mètre 30 centimètres et plus, composée de plumes étagées, de couleur gris-perle, rayées de noir et de marron, bordées de havane, lui donne un air de majesté incomparable. La tête seulement, avec sa calotte blanche, reposant sur un collier blanc bordé d'un double collier noir, laisse un peu à désirer, et en fait une majesté incomplète. Ni huppe, ni aigrette, ni panache :

« Roy ne puis. »

La femelle, comme toutes les femelles de Faisans, est beaucoup plus modestement vêtue. Ainsi que le mâle, elle porte le collier : le sien est un collier jaunâtre doublé de brun marron. Le fond de son plumage est couleur feuille morte, chaque plume tiquetée d'une nuance plus claire et même de blanc. L'ensemble, d'un style simple, est d'un dessin qui n'est pas sans charme. Comme notre Perdrix des champs, elle a la beauté grise.

Particularité précieuse à constater, le Faisan vénéré a sur ceux qui ont été multipliés jusqu'à ce jour dans nos chasses, un avantage qui l'aide à se préserver de ses ennemis naturels : celui du *silence*. Il est *silencieux*, ce bel étranger, et ne pousse pas, comme la plupart de ses parents de la famille des phasianidés, ce cri aigu, ce *kack-kack!* compromettant, qui est une invitation au renard ou à l'oiseau de proie, un appel et une indication pour le braconnier.

Il se borne à émettre, soit lorsqu'il est inquiet, soit lorsqu'il appelle sa femelle pour se brancher à la tombée de la nuit, une espèce de gloussement qui ne peut s'entendre qu'à quelques pas de distance.

Le Faisan vénéré de la Chine.

A certaines heures de la journée, le mâle, déployant ses ailes puissantes, les fait bruire en produisant un son étrange, comparable à un sourd grondement de tonnerre.

Par son aptitude à supporter nos températures les plus extrêmes, par sa ponte abondante, la facilité de son élevage, sa croissance rapide qui le rend apte à reproduire dès le printemps qui suit sa naissance, le Faisan vénéré est tout indiqué pour grossir le nombre de nos gibiers, et il a figuré avec honneur dans quelques chasses princières.

Malheureusement, il a été reconnu que son croisement avec le Faisan commun a donné des métis qui sont des sujets de forte taille mais qui sont impropres à la reproduction. Mais cette particularité n'a pas été jugée suffisante pour le faire éliminer parce que l'usage des battues a fait du Faisan l'objet d'une grande destruction, et que l'élevage artificiel vient chaque année combler les vides.

C'est ainsi que j'ai pu voir dans une Faisanderie appartenant au duc d'Aumale un magnifique coq Vénéré, conservé à titre d'étalon pour féconder des poules de faisan commun. Le faisandier me montra quelques jeunes élèves issus de ce croisement, qui avaient bien le double de taille de leurs petits frères communs, et il m'assura qu'il trouvait les premiers bien plus faciles à élever que les seconds. Un Faisan vénéré, même croisé, est en somme un magnifique coup de fusil.

LE FAISAN COMMUN

Je n'ai pas à vous décrire le Faisan commun, *l'oiseau du Phase*, que tout le monde peut voir aux étalages des marchands de comestibles, où, dans la saison où la chasse est ouverte, il est aussi commun que son nom.

J'ai traité d'ailleurs, *in extenso*, ce qui est relatif à ses mœurs, à ses habitudes et à son élevage, dans un volume que la plupart des personnes qu'intéresse l'avenir de nos chasses ont entre les mains.

Faisan commun.

Le Faisan commun comporte plusieurs variétés : la variété panachée et la variété blanche, résultant de sujets chez lesquels la couleur de la livrée s'est altérée de manière à tourner plus ou moins à l'albinisme.

Tout le monde sait que cet oiseau, produit d'une importation déjà lointaine, est un gibier artificiel maintenu à grands frais dans les tirés, à l'aide d'agrainages.

Les habitués de la chasse au Faisan n'ont pas de peine à discerner les Faisans d'élève qui présentent une piètre défense, d'avec les Faisans naturels, ces derniers nés sous bois et élevés par leur propre mère. Ceux-ci sont très roublards et savent avec beaucoup d'à propos profiter d'une distraction pour vous brûler la politesse, et partir dans vos jambes au moment où vous étiez à cent lieues de vous douter de leur voisinage.

LES HYBRIDES

Le nom d'hybride est donné au produit de deux espèces différentes.

Ainsi le Faisan est susceptible de se croiser avec la poule de basse-cour. Les produits de ces croisements sont ce qu'on appelle des *coquards*. Le coquard est un excellent manger, d'une grande délicatesse de chair, susceptible d'embonpoint au même titre que le chapon.

Tout amateur ayant des coqs Faisans en excédent pour la reproduction peut se livrer à l'expérience du coquard, en enfermant dans une volière quelques poules de basse-cour avec un coq faisan ordinaire.

J'ai obtenu de la sorte, en 1872, d'un coq faisan commun et d'une poule de Bantam un coquard qui, parvenu à l'âge adulte, avait un plumage gris, avec quelques-unes des plumes brillantes du coq Faisan sur le dos; la forme plus massive que celle du faisan, mais plus allongée que celle du poulet; le croupion relevé de ce dernier.

Ce coquard était très gourmand, fut facile à élever, et ne tarda pas à devenir très familier.

Il recherchait volontiers les caresses.

Au printemps de 1873, il ne tarda pas à se rendre intéressant. A l'imitation des poules de basse-cour, au milieu desquelles il vivait, il se mit à couver, fit éclore des œufs de faisans, et se prit bientôt d'une telle fièvre d'incubation, qu'il devint impossible de l'empêcher de garder le nid, tant et si bien qu'à la fin, le pauvre animal, après avoir suppléé, à plusieurs reprises, les couveuses insuffisantes et mené à bien l'éclosion de plusieurs séries d'œufs, contracta un échauffement qui le fit périr. Il mourut sur ses œufs, au champ d'honneur.

Inutile d'ajouter qu'il fut regretté comme il le méritait par son bon caractère, sa nature caressante, son bon vouloir et son empressement à se rendre utile.

Perdrix

Je vous demanderai la permission d'adopter pour les Perdrix l'ordre que j'ai suivi pour les Faisans et de vous présenter d'abord les sujets de volière.

LES COLINS

LE COLIN DE VIRGINIE

J'ai toujours attaché un vif intérêt à l'éducation des Colins, ces perdrix de l'Amérique du Nord, parce que je considère ces oiseaux comme un gibier de remplacement tout indiqué, le jour où la disparition plus ou moins complète des Cailles et des Perdrix, vers laquelle nous nous acheminons, viendra révolutionner nos habitudes cynégétiques, et nous mettra dans la nécessité de créer des chasses artificielles.

Le grand reproche qu'on adresse aux Colins et qui les a empêchés jusqu'ici de s'introduire dans nos tirés, c'est qu'ils seraient migrateurs.

Je crois, pour mon compte, que lorsque le Colin, lâché en liberté, émigre, cela tient à ce qu'on ne l'a pas installé dans ses conditions naturelles.

Quoi qu'il en soit, le reproche tombera de lui-même lorsque la chasse consistera non plus en la recherche de gibiers naturels plus ou moins rares, mais bien en des lâchers de gibiers d'élève offerts à la poursuite de disciples de saint Hubert, dont la tactique consistera à faire en sorte de les empêcher d'émigrer... ailleurs que dans la carnassière.

Colins de Virginie.

Il en sera alors du Colin ce qu'il en est, depuis peu, de la Caille. Peut-être avez-vous appris que dans tel grand domaine situé en Seine-et-Marne et appartenant à un prince de la finance, on commence à faire de la Caille d'élève, pour suppléer à la disparition de cet intéressant petit gibier, essentiellement migrateur.

Le Colin de Virginie, comme celui de Californie se recommandent, au point de vue de l'avenir de nos chasses, par des qualités de premier ordre : aptitudes à adopter notre climat, habitudes percheuses qui les mettent à l'abri des filets meurtriers des braconniers; fécondité énorme, en rapport avec les destructions énormes résultant de l'usage des battues.

Les Colins de Virginie ont l'habitude de se rassembler en rond sur un point quelconque de leur litière, formant une masse compacte, et serrés les uns contre les autres, toutes les têtes en dehors. De temps en temps, l'un de ceux qui sont en bordure passe sur la masse de ses frères et vient s'insinuer au centre, manœuvre qu'ils exécutent l'un après l'autre et à tour de rôle. Cette manière de faire doit être dans les habitudes du Colin de Virginie, car je la leur ai vu pratiquer souvent; ces oiseaux, pourtant percheurs, passent volontiers la nuit à terre, massés sur un point de leur pelouse.

A la moindre alerte, chacun fuit devant soi et non avec ensemble, comme les rayons d'un soleil d'artifice. Il paraît que cela se passe ainsi à l'état sauvage, et que c'est là une des tactiques de ce Colin, pour dérouter la poursuite de ses ennemis naturels, qui ne peuvent ainsi capturer tout au plus qu'une seule victime.

LE COLIN DE CALIFORNIE

La nuance générale de sa livrée est le bleu-ardoise.

A voir les bizarreries de dessin de cette livrée, les tatouages étranges qui sillonnent les joues, les sourcils et le front de l'oiseau, la huppe de plumes noires qui orne sa tête, — crânement penchées en avant, comme pour défier le scalp, — on se croirait volontiers en présence d'une miniature de chef indien, — Comanche ou Apache, — et, involontairement, le regard cherche un tomahawk.

Le Colin de Californie ne porte pas de tomahawk, mais il montre autant de courage que s'il en portait un, lorsqu'il s'agit de défendre sa compagne et ses petits.

Il m'est arrivé, durant l'automne de 1874, de ramasser dans ma grande volière deux cadavres de mâles Colins, qui n'avaient pas craint de se mesurer avec des coqs Faisans dorés et vénérés.

C'est que le Colin nous vient des États-Unis d'Amérique, un pays où l'on ne reconnaît pas de hiérarchie et où l'on fait fi des distances sociales.

Lui aussi est républicain, j'en répondrais; protestant, peut-être, mais ce que je puis garantir, c'est qu'il n'est pas Mormon. Le Colin n'a qu'une seule épouse, avec laquelle il partage les soins du ménage, l'éducation de la famille, et même les fatigues de l'incubation.

Sous ce rapport, il pourrait servir de modèle au coq de notre Perdrix, — rouge ou grise, — qui se borne, lui, à prêter à sa famille sa surveillance et son courage.

Le nid des Perdrix américaines, — tant de celles de Virginie que de celles de Californie, — plus compliqué que celui de nos Perdrix françaises, représente une espèce de four avec une ouverture pour l'entrée et la sortie. Ce four est capitonné de tiges de foin sec ou de graminées affectant une forme arrondie et voûtée. Il est rattaché, pour la plus grande solidité de l'édifice et le plus grand secret de la couvée, au pied d'une touffe épaisse de buis ou de végétation quelconque. Il est construit en commun par le travail du mâle qui apporte son contingent de pailles et de brindilles, et par celui de la femelle.

Depuis l'époque (juillet 1852) où M. Deschamps l'apporta de San-Francisco, le Colin de Californie s'est admirablement multiplié chez nous, au point qu'à l'heure qu'il est, son prix de revient est inférieur à celui de notre Perdrix grise. Ainsi nous voyons, dans les dernières annonces, le Colin offert à 10 fr. la paire, alors que la Perdrix d'élève a atteint le cours de 12 à 13 francs.

Le Colin est-il donc plus facile à élever que la perdrix? Je crois ne pas me tromper en vous donnant l'assurance que presque tous ceux qui se sont occupés de l'éducation des deux petits gallinacés vous répondraient affirmativement.

Mon intention, dans cet article, n'est pas de vous donner les détails relatifs à l'éducation du Colin de Californie. Tout ce qui concerne l'installation, la nourriture, la reproduction de cette jolie perdrix américaine a été indiqué *in extenso* et au point de vue pratique, dans un livre que plusieurs d'entre vous ont peut-être entre les mains (1), et ce serait, de ma part, tomber dans des redites.

(1) L'*Aviculture. — Faisans, Perdrix, Colins, Cailles, Tragopans, Outardes, Bernaches, Poules d'eau, Canards mandarins, etc. Éducation, reproduction*, par E. Leroy, 4e édition. Un beau volume, 400 pages, 12 dessins d'oiseaux. Firmin-Didot, éditeur.

Je me propose simplement d'étudier avec le lecteur, le Colin au point de vue physiologique et au point de vue de son avenir comme gibier à introduire dans nos chasses.

Jetons d'abord un regard dans son intérieur.

Le Colin de Californie est monogame, et les différentes particularités de sa vie privée nous le montrent comme un époux modèle, comme un père de famille tout à fait recommandable.

Le mâle, lorsqu'il s'agit de défendre son bien qu'il croit menacé, se montre brave jusqu'à la folie. La plume hérissée, les ailes tendues, il se précipite avec des cris de colère sur tout ce qui lui porte ombrage.

C'est surtout à l'époque de la pariade qu'il devient ombrageux et irritable. De son bec légèrement courbé, il porte des coups furieux qui ont leur valeur. Pour peu que vous ayez pratiqué l'éducation du Colin, vos doigts, chers amateurs, ont dû en savoir quelque chose.

D'un autre côté, nous le trouvons plein de prévenances pour sa compagne; dès qu'il trouve une friandise, il l'appelle de son plus doux ko! ko! ko! pour la lui offrir avec insistance.

Le nid, un nid en forme de four, est construit, comme nous venons de le voir, au prix des efforts communs des deux époux, et le coq Colin prend la peine de chauffer ce nid lorsque sa compagne est sur le point de pondre. Dès qu'elle est au nid, il fait le guet tout en la rassurant à voix basse.

J'ai été à même de faire, en 1875, une étude assez curieuse des mœurs du Colin de Californie, et qui nous signale le mâle de cette espèce comme étant susceptible de qualités, d'aptitudes, de dévouements tout à fait recommandables.

Le 25 mai, l'un de mes couples se mit à couver, je dis l'un de mes couples, parce que les devoirs de l'incubation furent partagés. La femelle, au début, s'étant trouvée indisposée, fut remplacée au nid par le mâle, d'abord à intervalles; ensuite, au bout d'une huitaine de jours, le mâle couva seul.

La femelle, perchée sur le sommet du nid, sorte de ruche en paille dont j'ai donné la description dans l'*Aviculture*, se contentait

Les Colins de Californie.

de veiller et d'échanger de temps en temps des monosyllabes avec le couveur.

Le 3 juin, la Coline n'ayant point paru, fut trouvée morte, en travers de l'entrée du nid, et à l'extérieur.

L'incubation du mâle n'en suivit pas moins son cours. Le pauvre veuf prenait seulement trois ou quatre minutes de récréation le matin, autant vers midi et autant le soir. Puis, après avoir mangé à la hâte, courait de lui-même se replacer sur ses œufs.

Cependant, le terme (25 jours) approchait.

Enfin, le 16 juin au matin, m'étant placé à mon observatoire, j'a perçus quelques débris de coquilles vides rejetées hors du nid, et mon couveur aplati sur le nid et les plumes hérissées, au point de doubler son volume.

Il était évident qu'il apportait tous ses soins à sa besogne de mère. Cependant, les éclosions se succédaient et bientôt, les petits étant ressuyés, demandèrent à sortir.

Le père de famille se leva et tous coururent cahin caha, gros comme des frelons, glanant les larves de fourmis que j'avais semées à leur intention et que le père leur indiquait du bec avec son petit cri de ko! ho! ho!; ko! ho! ho! ho!; ko! ho!

Puis, de temps en temps, la pauvre bête satisfaite à la vue de ses petits, mangeait à la hâte, secouait ses membres fatigués, puis réchauffait ses bébés sous le manteau de ses ailes.

Le lendemain, 17 juin, une poule nègre m'ayant fait éclore un petit troupeau de Colins, je tentai une expérience qui vint mettre en lumière tout le bon vouloir du brave père de famille. Saisissant le moment où il était accroupi sous l'abri, réchauffant sous sa plume ses propres enfants, j'introduisis au moyen d'une trappe levée et un à un, les petits Colins nés sous la poule. Cela fait, je me retirai à distance pour ne gêner personne et j'observai.

Le coq Colin se mit à appeler les petits étrangers pour les réunir aux siens; mais les nouveaux venus, saisis de crainte, hésitaient et paraissaient disposés à tenter de s'échapper. Ce que voyant, le Colin ouvrit ses ailes toutes grandes et lâcha ses propres petits. Ceux-ci s'éparpillèrent à la recherche de la nourriture, dont j'avais parsemé la volière à leur intention; leur exemple enhardit les intrus; tous mangèrent pêle-mêle, et lorsque le Colin jugeant qu'il était temps de rentrer, s'accroupit en donnant le signal, tous, par la contagion de l'exemple, vinrent se fourrer sous ses ailes, les étrangers compris. Toute hésitation avait cessé. L'assimilation était faite et à dater de ce moment les deux troupeaux ne firent plus qu'une seule et même famille.

A divers points de vue, au point de vue de la livrée, qui est des plus originales, au point de vue des mœurs qui sont intéressantes au possible, le Colin de Californie est, pour nos volières, une précieuse acquisition.

Mais là n'est pas son plus grand mérite; la perdrix américaine, et c'est là son principal titre à notre intérêt, EST UNE PERDRIX PERCHEUSE, et à ce point de vue nous devons tenter tout au monde pour l'introduire dans nos chasses.

Voici en quoi consiste l'avantage d'une Perdrix percheuse sur une Perdrix qui ne l'est pas.

Toutes deux font leur nid à terre, et couvent à portée du mâle qui veille à leur sécurité durant l'incubation.

Malheureusement, l'instinct de nos Perdrix de plaine les porte à nicher en rase campagne, dans les prairies artificielles; or, la fauchaison précoce de ces prairies et l'énorme quantité de nids de perdrix que la faulx laisse à découvert et dont elle entraîne tous les ans la perte, constituent à mon avis la principale cause qui menace l'existence de notre gibier à plumes.

Ce danger n'existe pas pour la Perdrix percheuse.

Chez cette Perdrix, tant que la femelle est sur le nid, le mâle, suivant les instincts de sa nature particulière, reste branché; une partie du jour et invariablement la nuit. Dès lors, par suite de l'affection mutuelle qui règne entre ces petits gallinacés et qui les porte à ne jamais se quitter, il en résulte forcément que la femelle installe son nid soit dans une haie, soit dans un buisson, soit au bord d'un bois. Les faucheurs peuvent passer, la faulx peut joncher la plaine, le nid est respecté et le milieu choisi le met à l'abri de la destruction.

Aussi, l'acclimatation du Colin de Californie comme gibier a-t-elle été l'objet de nombreuses tentatives. Beaucoup de ces tentatives ont échoué, probablement parce qu'elles avaient été faites dans des con-

En famille.

ditions défavorables, mais quelques succès partiels obtenus en Angleterre et en France, sont venus démontrer que le problème n'est pas insoluble et nous donnent l'espoir qu'un jour viendra où l'acclimatation du Colin en liberté sous nos climats finira par entrer dans la pratique.

M. Chareton Parr (*Bulletin de la Société d'acclimatation*, année 1877, p. 460) nous apprend qu'il a élevé des Colins de Californie en liberté dans son jardin.

« L'année dernière, dit-il, j'avais quelques Colins en liberté et « d'autres enfermés. Les premiers faisaient deux fois leur nid dans « mon jardin; la première fois, la femelle fut dérangée pendant « qu'elle couvait et les œufs furent gâtés, mais elle nicha de nouveau « et fit éclore cinq jeunes dont elle éleva trois et ceux-ci ont vécu « dans mon jardin pendant tout l'hiver dernier... Ils ne paraissent « nullement souffrir du froid en hiver... »

M. Louis Coignet, en France, a fait mieux encore. M. Coignet avait acclimaté le Colin de Californie dans le département de l'Ain, où on le chassa durant plusieurs années, et où il se vendit sur le marché de Bourg. Puis, durant l'hiver de 1871 à 1872, le Colin disparut subitement sans cause appréciable.

On suppose qu'il émigra par suite de la rigueur de la température, mais je suis porté à croire que là n'est pas la vraie cause de la disparition du gibier nouveau introduit dans l'Ain. Ainsi j'ai eu ici des Colins de Californie qui ont très bien supporté sans paraître en souffrir, dans une volière au dehors exposée à l'est, les rigueurs exceptionnelles de l'hiver 1879-1880.

Je serais plutôt porté à supposer que des défrichements de ronciers, de haies vives, de bosquets, effectués sur une certaine échelle, sont venus changer les conditions naturelles du pays, jusque-là favorables à l'habitat du Colin, au point de déterminer cet oiseau à déguerpir.

Quoi qu'il en soit, je considère qu'il est du plus haut intérêt, pour l'avenir de nos chasses à tir, de reprendre en sous-œuvre et avec des procédés nouveaux, le problème de l'éducation en liberté du Colin de Californie.

Suivant moi, les multiplications en volière obtenues à souhait depuis une trentaine d'années, ne sont qu'une première étape, destinée à faciliter les expériences multiples de mise en liberté, et le véritable avenir de la Perdrix percheuse de l'Amérique du Nord est de remplacer un jour ou l'autre notre Perdrix, devenue impuissante à se maintenir depuis l'introduction, dans nos cultures, de la prairie artificielle.

Les considérations qui précèdent peuvent s'appliquer à la Perdrix de la Chine (ouakiki) et à celle du Boutan, deux Perdrix percheuses dont l'acclimatation est poursuivie avec succès depuis quelques années et dont maint amateur obtient couramment des reproductions en volière.

LA PERDRIX

En ce temps-là... la terre produisait spontanément et avec exubérance (*alma mater!*) tout ce qui était nécessaire à l'alimentation de l'homme.

Puis, peu à peu, elle devint parcimonieuse, jusqu'à ce qu'enfin, un beau jour, elle ne voulut plus rien donner.

Grand émoi chez l'espèce humaine!

Mais ce fut un mal pour un bien. Ce jour-là, nos ancêtres se fâchèrent pour de bon, prirent en main des hoyaux et se mirent à aiguillonner le sol avare.

Il résulta de cette prise de vive force, de cette ingérence de l'activité humaine dans les choses de la nature, des récoltes inespérées et une abondance de produits inconnue jusqu'alors.

Naguère aussi, notre sol français produisait spontanément et avec exubérance des Perdreaux gris, des Perdreaux rouges, des Bartavelles, des Tétras et autres bonnes choses.

Puis, peu à peu, le dépeuplement s'est fait sentir; puis enfin, on a constaté avec stupeur que c'en est fait, ou peu s'en faut, de notre gibier plume.

Honorés disciples de saint Hubert! qui nous défend de suivre l'exemple tracé par nos ancêtres et qui leur a si bien réussi?

Foin des stériles doléances!

Au lieu d'attendre de la nature ce qu'elle ne veut plus ou ne peut plus nous donner, prenons en main le rôle de la nature; étudions ses procédés; imposons-lui notre joug, et avant peu, j'espère, nous verrons reparaître sur notre sol français, plus vivaces, plus nombreux, plus exubérants que jamais, Perdreaux gris, Perdreaux rouges, Bartavelles, Tétras et autres bonnes choses.

Ainsi soit-il!...

Donc il s'agit de reprendre la Perdrix en sous-œuvre, d'utiliser de notre mieux les quelques spécimens qui nous restent, de faire au besoin des emprunts aux pays étrangers mieux pourvus : la Bohême, la Hongrie, l'Angleterre, etc., etc., et de nous livrer à la culture de la Perdrix, comme depuis pas mal de temps déjà, on s'est livré à la culture du Faisan.

Nous aurons ainsi, dorénavant, la perdrix, non plus à titre de produit naturel du sol, mais la Perdrix artificielle, de même que déjà nous avons le Faisan, cet excellent gibier, artificiel.

Mais, avant d'arriver au résultat désiré, nous ne devons pas nous dissimuler que l'affaire présentera quelques difficultés.

Ce n'est jamais gratuitement que la nature livre ses secrets.

Le problème à résoudre exigera des sacrifices d'argent, beaucoup de patience, pas mal de recherches, des études d'observation suivies.

Donc, à l'œuvre! Que chacun apporte le contingent de son expérience; que chacun apporte sa pierre à l'édifice de la reconstitution de nos gibiers de plume.

Je dirai, de mon côté, le peu que je sais; mais, en présence des difficultés à vaincre, ce n'est pas trop de l'effort de tous.

Parmi les différentes méthodes de repeuplement, il en est trois qui se recommandent particulièrement à notre attention, et dans lesquelles l'intervention de l'homme se fait sentir à des degrés différents.

La première de ces méthodes, qu'on pourrait appeler la *méthode naturelle*, parce qu'elle est calquée exactement sur les grands procédés de la nature, consiste dans ce qu'on est convenu d'appeler *la réserve.*

Des plumes incontestablement plus autorisées que la mienne, en pareille matière, ont déjà préconisé le système des réserves : aussi n'en parlerai-je qu'à titre de memento et très succinctement.

L'espoir de la saison prochaine.

Ce système, que la plupart considèrent comme le plus infaillible, comme le plus pratique, et qui n'exige ni dépense ni soins autres que ceux de la protection contre les bêtes de proie et contre le braconnage, ce système, dis-je, consiste, comme on sait, à réserver tous les ans, au centre du territoire de chasse, une portion quelconque (un quart, je

L'espoir de l'ouverture.

suppose, ou plus ou moins), dans laquelle le gibier est respecté religieusement, où il peut vaquer sans inquiétude à la multiplication de l'espèce, et d'où le trop-plein s'échappe au fur et à mesure pour aller rayonner sur les terroirs environnants.

Les réserves, au surplus, ont déjà fait leurs preuves, et c'est grâce à leur emploi que la destruction totale a pu être conjurée jusqu'à ce jour.

C'est en grande partie à ce système de réserves que les départements avoisinant Paris, — ceux où l'on chasse le plus, — doivent d'être actuellement les plus giboyeux.

Je me souviens qu'en 186..., alors que j'habitais la Nièvre, le parc de Mme la marquise de P... jouait, dans la localité, fort giboyeuse alors, le rôle de réserve.

L'interdiction absolue de la chasse dans le parc était rigoureusement observée. Aussi, chaque année, dès le deuxième jour de l'ouverture, tout ce qu'il y avait de gibier dans les environs, s'y sentant inviolable, semblait s'y être donné rendez-vous, et l'on ne pouvait faire cent pas dans une allée sans voir débouler à chaque instant lièvres et lapins, se lever perdreaux gris, perdreaux rouges, aussi drus que dans la volière la mieux peuplée. C'était un véritable fourmillement.

J'ai habité neuf ans cette localité et je me souviendrai toujours de l'abondance du gibier de toute sorte que j'y rencontrais et qui était le résultat incontesté, reconnu par tous les chasseurs, de la réserve du parc de Mme de P...

La deuxième méthode, à laquelle j'arrive, est une *méthode mixte*, consistant dans l'emploi combiné du travail de l'homme et d'emprunts faits aux lois naturelles.

Cette méthode, dont j'ai eu occasion de parler à diverses reprises, ceux d'entre vous qui sont abonnés à *la Chasse illustrée* ne l'ont peut-être pas oublié, — n'est autre que l'*éducation sur place*, autrement dit l'éducation du perdreau sur le terrain même auquel on le destine.

L'éducation sur place, on se le rappelle, consiste en ceci :

Au préalable, vous récoltez les œufs de perdrix découverts par les faucheurs de prairies artificielles, et vous confiez la suite de l'incubation de ces œufs à des poules ou à des incubateurs.

A l'éclosion, vous élevez les petits en parquet et à domicile, suivant le mode indiqué dans l'*Aviculture* jusqu'à l'âge de trois ou quatre semaines.

Cela fait, les jeunes élèves se trouvant assez forts, vous les exposez, sous la tutelle de leur poule, retenue captive dans sa boîte, *à la place même* que vous leur destinez, dans un champ écarté, pour qu'ils puissent faire de bonne heure l'apprentissage de la vie libre, y poursuivre les insectes, y prendre leurs habitudes, leurs points de repère, etc.

La boîte contenant la poule et ses élèves doit être changée de place tous les jours et portée chaque soir à une distance d'environ vingt mè-

Dans les chaumes.

tres, de façon que les poussins trouvent toujours en abondance des insectes, lorsque le canton dans lequel ils ont pâturé se trouve épuisé.

Au bout de trois semaines environ de cette deuxième période de leur éducation, les sujets sont assez forts pour se suffire; ils commencent à vagabonder et à se défendre.

Bientôt ils ne rentrent plus dans leur boîte et couchent au dehors, à portée de leur éleveuse et en compagnie.

L'emplacement auquel ils ont été habitués dès l'enfance, et avec lequel ils ont été familiarisés graduellement pour l'avoir occupé, carré de vingt mètres par carré de vingt mètres, devient ainsi *la place fixe* ou point de ralliement de la compagnie. On peut la disperser, on peut la tirer, elle y revient quand même par la force de l'habitude si puissante chez la Perdrix.

Les deux systèmes de la *réserve* et de *l'éducation sur place* peuvent être employés simultanément, et le repeuplement n'en sera que plus assuré.

Une troisième méthode, basée sur *les instincts de famille*, si impérieux chez la Perdrix, et qui lui font une loi inéluctable du *vivre en compagnie*, est en ce moment à l'épreuve.

Cette méthode consiste dans la reproduction, en parquets volants, de sujets pris à l'état sauvage, ayant conservé par conséquent dans toute leur plénitude la faculté de trouver d'eux-mêmes leur nourriture, et leurs moyens de défense.

A cet effet, on entretient dans des parquets de 60 mètres de surface, formés avec des panneaux grillagés de 2 mètres de hauteur, se montant et se démontant comme des parcs à moutons, on entretient, dis-je, des couples de perdrix sauvages, à raison d'un couple par parquet, sans autre assistance qu'une distribution quotidienne d'eau fraîche et de nourriture.

Ces parquets ne sont pas fermés par en haut, et le grillage des panneaux est à grandes mailles, tout juste suffisantes pour retenir le couple reproducteur, dont le vol a été paralysé à l'aide d'une entrave, mais assez larges pour permettre le passage aux jeunes perdreaux.

Ce couple de Perdrix, ainsi enfermé sur un terrain gazonné qui est comme son milieu naturel, sera l'espoir de la saison prochaine.

Au mois de mai, la femelle qui, malgré l'entrave, conserve la liberté de tous ses mouvements, sauf le vol, et à laquelle les dimensions de son enclos laissent une illusion suffisante de la liberté, fait son nid avec mystère, pond, et se met à couver. Deux jours avant l'éclosion, vous êtes averti par ce fait que le mâle se tient constamment tout droit, à portée de la couveuse, la rassurant et l'encourageant.

Quelques jours après, et en prenant bien ses précautions pour ne

Installation des poussins dans les champs.

pas être vu, on peut apercevoir le père et la mère promenant leurs petits, l'espoir de l'ouverture.

Pour les aider dans leur tâche, on n'a eu garde d'oublier de semer par dessus bords quelques poignées d'œufs de fourmis, d'asticots ou de pâtée spéciale, car les perdreaux, au lendemain de leur naissance, ne sont pas encore granivores.

Peu à peu, les poussins s'émancipent, passent à travers le grillage et vont chercher leur vie dans les chaumes, agrandissant chaque jour leur parcours, mais revenant très exactement au rappel des parents. Le soir trouve invariablement la compagnie réunie dans son enclos.

Dès le mois d'août, les perdreaux, qui sont déjà forts, s'éloignent quelquefois jusqu'à un ou deux kilomètres; mais ils reviennent assidûment le soir passer la nuit auprès de leurs père et mère, soit dans le parquet en passant par dessus la clôture, soit au dehors, à proximité, ainsi que le fait une compagnie à l'état naturel.

Vienne l'ouverture et nos Perdreaux, bien stylés par leurs éducateurs naturels et ayant appris progressivement à se garder et à se défendre, sauront fuir à propos, passer par dessus la tête des rabatteurs, avec toute la roublarderie des anciens, et sauver leur plume.

Ce ralliement de la compagnie dans l'enclos d'élevage ou à proximité, se prolonge jusqu'au mois de février. A cette époque, la compagnie se dissout par couples ou *pariades* dont chacune va se cantonner à son gré et faire souche d'une nouvelle famille.

Ce système d'élevage absolument calqué sur ce qui se passe aux champs, présente deux grands avantages; premièrement celui de donner des perdreaux aptes à se défendre; en second lieu de fixer une compagnie au gré de l'éleveur sur un terrain de chasse déterminé, ce terrain fût-il antipathique aux Perdreaux, auquel cas ils ont la ressource d'aller chercher au loin ce qui leur convient; mais ils n'en sont pas moins attachés bon gré mal gré qu'ils en aient, à l'enclos où sont retenus leurs parents, par la *loi de la compagnie*, la grande loi de la Perdrix.

Cette méthode, appliquée à la Perdrix grise, a donné, chez un amateur de ma connaissance, des résultats encourageants.

Il est permis d'espérer qu'il réussirait de même avec la Perdrix rouge installée dans des conditions qui rappellent son milieu naturel : des broussailles, des ronciers, des vignes, un terroir accidenté; et avec la Bartavelle, ce splendide gibier de nos départements montagneux, dont il ne reste plus que quelques rares représentants.

Bien mieux, je conseillerais de tenter par ce procédé l'acclimatation des *Grouses* d'Écosse. L'introduction de ces oiseaux étrangers me paraît praticable et je crois que leur installation dans certaines parties du territoire, dans les montagnes de l'Auvergne, par exemple, dont les sites ne sont pas sans analogie, au dire des touristes, avec ceux des montagnes et des plateaux de l'Écosse, aurait de grandes chances de réussite.

Tout le système, dont je viens de donner l'application, se base sur

Perdrix s'abattant à la remise.

l'emploi de perdrix sauvages prises comme types reproducteurs, et comme éducateurs de leurs jeunes Perdreaux.

Comment s'y prendre pour se procurer des Perdrix sauvages? Rien de plus simple, et voici le moyen indiqué par M. X... dans *la Chasse Illustrée : La tonnelle*. Il va sans dire que la tonnelle ne peut être tendue que dans un endroit clos de murs et attenant à une habitation, un parc, par exemple. La tonnelle se fait avec des bâtons superposés et reliés entre eux aux points d'intersection par de l'osier ou de la ficelle. C'est le piège à moineaux agrandi, reposant sur un quatre en chiffre.

Devant les rabatteurs.

Dès les premières neiges et alors que les Perdreaux se tiennent encore en compagnie, on essaie de les prendre autant que possible tous d'un seul coup. A cet effet on agraine la place pendant plusieurs jours, l'appareil reposant sur un quatre en chiffre fixe. Dès que les Perdreaux se sont familiarisés au point de manger à l'intérieur de la tonnelle, le quatre fixe est remplacé par un quatre dûment articulé. On le place un peu haut pour qu'il ne tombe pas au plus petit mouvement, et, le soir à la picorée la com-

Les Bartavelles.

pagnie se prend toute seule. Le lendemain vous avez de quoi garnir la volière pour le printemps suivant.

Grouses d'Écosse.

Il est d'une bonne mesure, dans les chasses bien tenues, de procéder à *l'écoquetage*, c'est-à-dire à la suppression des coqs Perdrix se trouvant en excédent, et qui ne trouvent pas à s'apparier. Ces coqs célibataires ont le grave inconvénient de tourmenter les ménages, de saccager les nids et de nuire à la reproduction.

L'écoquetage se pratique dès la fin de février à l'aide d'une femelle de perdrix enfermée en cage et qui sert d'appelant. Les célibataires susnommés s'approchent alors sans défiance et un garde embusqué à portée les fusille au fur et à mesure.

Ce n'est pas tout. Si la Perdrix a ses protecteurs, elle a aussi ses ennemis. L'ennemi le plus dangereux des perdreaux d'élève, qui se tiennent à proximité des habitations, est incontestablement le chat sauvage, ou même le chat domestique en rupture de grenier. De là cet axiome du chasseur : « Tout chat rencontré loin des habitations, est un chat sauvage ».

Mais, en dehors du chat, la perdrix a des ennemis de toutes sortes; quelquefois des animaux qu'on serait, à priori, tenté de considérer comme inoffensifs.

Ce qu'il se commet d'assassinats dans les champs est incalculable! Les victimes sont, presque invariablement, de bonnes gens sans défense : Faisans, Perdrix, Cailles, tous oiseaux campagnards, malheureusement enclins, par la nature de leurs occupations, à établir leur demeure à l'écart, hors de portée de tout secours. Ces habitudes en font une proie tout indiquée pour les rôdeurs à deux et à quatre pattes. Et alors, belettes, fouines, putois, renards, tout ce que la contrée renferme de gens sans aveu; Éperviers, Buses, Pies, Corbeaux et autres repris de justice, ont beau jeu pour *suriner* sans risques les pauvres gens, dans la saison où le devoir, — la garde du nid leur trésor, — les retient à domicile.

Le plus souvent, le forfait demeure impuni. Que, quelques quinze jours après, la faux du moissonneur mette à découvert un nid bouleversé, jonché de plumes froissées et de débris d'œufs piétinés, voilà les suppositions aux champs. Un massacre a été consommé sur ce nid, ce n'est que trop certain; la victime a dû opposer une résistance désespérée, ce n'est pas douteux. Mais l'auteur de cette boucherie, où le trouver? — Notez qu'il a dû mettre à profit le temps écoulé pour filer à l'étranger ou au moins pour se préparer un alibi. Puis, aucun indice, rien, pas même les pattes de la victime, et alors, qu'est-ce que vous voulez, faute de preuves l'affaire sera classée.

— Mais, à ce compte, tout espoir sera donc perdu de jamais pincer le brigand? — Vous ne le pensez pas. La société serait ébranlée jusque dans ses fondements, si la vindicte publique n'atteignait les grands coupables. Veuillez vous rappeler que *qui a bu boira* et soyez persuadé qu'enhardi par l'impunité, le gredin commettra un jour ou l'autre l'imprudence de s'introduire dans quelque propriété gardée, par un chemin qui sera pour lui le chemin de la potence.

Dans tout domaine régulièrement tenu, où la police de la plaine est bien faite, où chaque ménage est classé, chaque nid de perdrix catalogué, où un recensement consciencieux est fait tous les jours, il est à peu près impossible qu'un assassinat puisse se perpétrer sans que le fait soit constaté dans les 24 heures. Alors le service de la sûreté, représenté par le garde, ouvre une enquête, relève des empreintes, pratique une autopsie. L'examen des blessures lui révèle à coup sûr le nom du meurtrier, car il est connu que tout assassin a son coup à lui, sa marque personnelle qu'on ne saurait confondre avec celle d'aucun de ses confrères : que dame la fouine, par exemple, refroidit sa victime d'autre façon que maître renard l'étrangleur; que l'eustache à virole de Margot la pie, dite Caquet bon bec, n'égorge pas de la même manière que le stylet empoisonné de l'herminette, aux allures serpentines.

L'enquête terminée, il s'agit d'opérer la capture du prévenu, et dans ce but il est indispensable de prendre son signalement, de se baser sur ses antécédents, son caractère, ses habitudes, pour pouvoir dresser ses batteries en connaissance de cause. Inutile de prendre la peine de le filer : soyez certain qu'il viendra se faire pincer de lui-même à la place précise où il a fait son coup. Il paraît (les annales de la police fourmillent d'exemples qui en font foi), qu'un sentiment

Victime du devoir.

de curiosité, inexplicable mais très réel, ramène invinciblement le meurtrier sur le théâtre de son crime. D'ailleurs, il est bien rare que le coupable, dans sa hâte, n'ait pas laissé sur place quelques reliefs : des pattes, des ailes, la carcasse, bas morceaux de la victime, des œufs échappés au carnage, qu'il se réserve de venir plus tard manger froids. Ce sera là sa perte, et voici le moyen de le cueillir à peu près infailliblement :

L'âge d'or.

1° Tout d'abord rester calme; pas de clameurs : ne pas donner l'éveil, ne pas ébruiter l'affaire.

2° Disposer sur place un piège approprié, amorcé avec les pièces à conviction, tout en laissant le plus possible les choses en l'état. Autant il pratique le *timeo Danaos* à l'endroit de toute amorce qui lui est servie par une main étrangère, autant le malfaiteur est sans méfiance en présence de ce déjeuner froid qu'il s'est réservé lui-même, de ces victuailles qu'il avait déjà entamées sans dommage.

Sa capture, ainsi préparée, n'est plus qu'une question d'heures, et tantôt, ce gibier de potence payera de sa tête son lâche forfait.

Il y a de ces prises qui vous confondent, et le piège vous livre quelquefois de ces bonshommes en apparence à l'abri du soupçon et auxquels vous auriez donné, comme on dit, le bon Dieu sans confession.

Une après-midi de juin 188., le père Dessaint, alors garde faisandier au service du duc d'Aumale, en passant la revue de ses boîtes à élèves faisans, disposées dans un jeune taillis, remarquait, avec une pointe de surprise, que l'une de ses installations était jonchée d'une certaine quantité de plumes. Ces plumes étant exclusivement des plumes de poule éleveuse, et le comptage lui ayant fait reconnaître que les faisandeaux étaient au complet et tous intacts, le garde mit ce léger déplumage sur le compte de la mue et passa outre. Mais, le lendemain, à l'heure habituelle de sa tournée, la surprise du faisandier se changeait en stupeur. La poule de la veille, sa meilleure éleveuse, gisait massacrée et en partie rongée dans la boîte à barreaux qui la retenait captive.

Un malandrin de la pire espèce avait passé par là.

Rien n'est sacré pour cette engeance.

Illico, un piège fut disposé à l'intérieur de la boîte, et amorcé avec le cadavre encore chaud, à la place même occupée par la victime. « A présent, mon bonhomme, tu peux écrire à tes parents, » fit le brave serviteur en continuant sa ronde.

Cependant, il ne laissait pas que d'être fort intrigué. Ce meurtrier maladroit, qui n'avait pas mis moins de deux jours pour accomplir sa sinistre besogne, déroutait sa vieille expérience. A quelle classe de criminels pouvait-il appartenir? Évidemment ce ne pouvait être qu'un novice.

A son retour, quelques heures plus tard, le coupable était pincé; mais à sa vue, la surprise du brave Dessaint fut telle, qu'il ne put articuler que ces deux mots, qui en disaient long :

« Toi aussi! »

Il est de fait qu'il y avait de quoi tomber de son haut.

Pur de tout casier judiciaire, appartenant à une classe réputée honnête, laborieuse, de mœurs paisibles, appréciée pour les services qu'elle rend dans la campagne, jouissant de l'estime publique, tel était le captif retenu par le piège.

Pas moyen cependant de faire grâce : préméditation, guet-apens, violation de domicile, et enfin... assassinat; les charges étaient accablantes. Et puis, la loi est formelle : « Tout coupable d'assassinat... sera puni de mort » (article 302 du Code pénal).

Le nom du misérable, vous ne le devineriez jamais, quand je vous le donnerais en cent. J'aime mieux vous le dire tout de suite. Eh bien, l'assassin de la poule du père Dessaint, c'était... un Hérisson.

Quelle tache, Messieurs, pour sa famille!.....

Le chemin de la broche.

Nous venons de voir les Perdrix dans les différentes phases de leur existence, depuis la période heureuse pour elles où la clôture de la chasse leur permet de se livrer sans crainte aux joies de la vie de famille et qu'on pourrait appeler l'âge d'or, jusqu'à celui où elles sont exposées à prendre le chemin de la broche, et qui est l'âge critique de la Perdrix.

A dater de l'ouverture, le petit Gallinacé a fort à faire pour défendre sa plume. Souhaitons-lui d'avoir affaire à des bredouillards!

Pour son malheur, c'est Médor qui a, trop souvent, le mot de la fin.

LA CAILLE

Ce succulent petit gibier, qui se fait de plus en plus rare, nous vient d'Afrique par voie de migration.

Il arrive chez nous et s'installe dans nos blés vers la fin d'avril. Il annonce sa venue par un chant joyeux que nous avons traduit par ces trois mots :

« Paye tes dettes! »

Bientôt, pour peu que la température se montre clémente à cette frileuse Africaine, elle fait son nid au milieu des champs, pond, couve; mais à partir de ce moment, les chants cessent. Il importe de ne pas trahir le secret de la couvée.

Aussitôt éclos et séchés, les Cailleteaux quittent le nid pour n'y plus revenir, abandonnant sans regret les débris de coquilles qui les ont retenus prisonniers, et partent sous la conduite de la mère, à la chasse aux insectes.

La Caille s'élève volontiers en volière; des œufs de ce petit gallinacé, mis à découvert par la fauchaison des prairies artificielles et qui seraient perdus, sont souvent recueillis par des amateurs, qui alors confient la suite de l'incubation à de petites poules naines très douces. L'éducation ne présente aucune difficulté, mais au mois de septembre, dès que l'heure de l'émigration et du retour en Afrique a sonné pour la Caille, les sujets ainsi élevés, sous l'empire d'une loi mystérieuse, entrent dans un état d'agitation extrême. A ce moment il importe de les installer dans des cages *ad hoc*, fermées à leur partie supérieure par une toile mollement tendue pour amortir les chocs, car alors ils se démènent et cherchent à prendre leur essor avec l'élan de bêtes qui tiennent à ne pas manquer le train migrateur. En volière, ils s'abîmeraient la tête contre les grillages dans leurs envolées désordonnées.

La Caille, malheureusement, se fait de plus en plus rare, depuis quelques années, dans nos sillons. D'un autre côté, il lui est fait une guerre sans merci, à l'époque de son départ, sur la côte africaine, en Sicile et en Italie. Les paquebots méditerranéens les apportent à Marseille par centaines de mille. Le nombre de ces bestioles importées cette année a, paraît-il, dépassé le chiffre de douze cent mille sujets, livrés à la consommation. Et voilà pourquoi la Caille se fait rare, dans nos sillons.

Au nid.

COLOMBIDÉS

LES COLOMBES

« Deux Pigeons s'aimaient d'amour tendre. »

Ce vers de Lafontaine est la définition la plus exacte qu'on puisse donner du Colombidé (Pigeon et Colombe étant tout un, comme on sait).

S'aimer d'amour tendre et élever de la famille est pour le Colombidé la grande affaire de la vie, au point que, chez lui, ce genre d'occupation dure toute l'année, depuis le premier janvier jusqu'à la Saint-Sylvestre inclusivement.

Le Colombidé donne une portée par mois en moyenne, le mâle se chargeant de l'éducation des jeunes pendant que la femelle couve une nouvelle série d'œufs. Mais la ponte n'est que de deux œufs à chaque fois, et c'est fort heureux, car on se demande avec inquiétude ce que le monde serait devenu si chaque portée avait atteint le nombre douze, par exemple. C'est-à-dire qu'il n'y aurait plus eu place sur la terre que pour les Colombes et les Pigeons, et encore le monde habitable n'aurait-il pas suffi à les contenir tous.

Mais le Colombidé a des qualités comestibles, et à ce titre il ne manque pas d'ennemis qui se chargent de modérer sa trop grande multiplication.

Dans les Landes, on capture de grandes quantités de Tourterelles

Le nid de la Tourterelle.

voyageuses, à l'aide de filets spéciaux, disposés sur un terrain amorcé avec du grain, et de tourterelles éjointées servant d'appelants.

Dans ceux de nos départements du Nord adonnés à la culture du colza, les propriétaires obtiennent aisément de l'autorité administrative la permission de tirer les Tourterelles et les Pigeons ramiers pour protéger leurs récoltes; alors ils se mettent en chasse, s'embusquent

Chasse aux Tourterelles.

du mieux qu'ils peuvent et, au moyen de rabatteurs, se font passer à bonne portée des vols de ces oiseaux, dont une certaine quantité tombe décimée par les coups de fusil.

Dans les années où les glands de chêne sont abondants dans la région du sud-ouest de la France, les Palombes, qui en sont friandes, séjournent assez longtemps dans cette région et y sont l'objet d'une poursuite d'autant plus active qu'elles constituent à peu près le seul gibier de ces contrées.

La Palombe.

L'ordre des Colombidés est des plus riches; il contient des centaines d'espèces, dont quelques-unes, très décoratives, font l'ornement de nos volières.

Parmi ces dernières espèces se distingue, en première ligne, le *Goura* ou Colombe couronnée des Moluques, de la taille d'une Pintade, environ, au plumage d'un beau bleu cendré, caractérisé par la huppe de plumes soyeuses qui surmonte sa tête.

Puis viennent le *Pigeon Nicobar*, à la livrée étrange qu'on dirait composée de feuilles vertes imbriquées les unes sur les autres; la *Colombe Poignardée*, ainsi nommée à cause d'une tache rouge-sang qu'elle porte à la poitrine; la *Colombe Grivelée*, la plus grosse des Colombes australiennes.

De toutes ces Colombes exotiques, les plus répandues dans nos volières sont les suivantes, qui supportent aisément au dehors toutes nos températures, à la seule condition que leur compartiment soit pourvu d'un abri, et qui reproduisent très couramment sous nos climats :

La *Colombe Longhup*, qui doit son nom à la huppe effilée qui surmonte sa tête, espèce très élégante avec sa queue allongée, les ailes enrichies d'un miroir bronzé à reflets verts. Elle porte aussi le nom de *Colombe Lophote;*

Goura coronata.

La *Colombe Lumachelle*, au plumage brun foncé, les ailes écaillées de plumes cuivrées à reflets d'acier. Cette espèce, très douce de caractère, est susceptible de vivre en bonne intelligence avec d'autres oiseaux de volière, faisans, perdrix, colins et autres;

La *Colombe Turvert*, à la poitrine roux clair, aux ailes vertes, qui la font ressembler de loin à un perroquet;

La petite *Colombe Diamant*, au plumage bleu cendré, les ailes parsemées de petits points blancs, auxquels elle doit son nom. Cette miniature de Colombidé, grosse à peu près comme un Pinson, est originaire, comme les trois précédentes, de l'Australie, ce qui est pour nos pays un brevet d'Acclimatation; elle se nourrit de millet et est très résistante.

Ces quatre dernières variétés présentent sur la plupart des autres Colombes exotiques cet avantage qu'elles couvent elles-mêmes en volière leurs propres œufs et élèvent leurs jeunes, à peu d'exceptions près, jusqu'au moment où ils peuvent se suffire.

Certaines espèces, la Poignardée, notamment, pondent en captivité, mais couvent mal ou pas du tout, ce qui n'empêche pas les vrais amateurs d'en obtenir des reproductions, mais alors ils ont recours à une auxiliaire bien connue : la *Colombe rieuse*, la tourterelle blanche à collier si répandue, si apprivoisée, si maniable et de si bon caractère. C'est cette Colombe qui sert de nourrice aux petits Colombidés exotiques. Vous remplacez ses propres œufs par des œufs de Poignardée; elle accepte la substitution et se prête à tout ce que vous désirez d'elle avec plaisir et sans aucune espèce de souci (une rieuse !).

LES PIGEONS

Si de la Colombe nous passons au Pigeon proprement dit, nous trouvons, comme tête de colonne, le *Pigeon bizet*, si répandu, et qui

Pigeon bizet.

peuple les colombiers de la ferme. Ce Pigeon, qui vit dans les champs à l'état demi-sauvage, n'est pas toujours vu d'un bon œil par le garde champêtre, et, à certaines époques de l'année, il est prescrit à son de caisse de le tenir enfermé, sous prétexte que c'est un mangeur de grain et qu'il cause des dégâts dans les champs ensemencés. Mais l'autopsie a réhabilité le Pigeon de ce chef et a fait reconnaître que s'il mange un peu de blé ou de sarrasin, il consomme en outre pas mal de petites graines de plantes parasites qu'il n'est pas toujours possible d'extirper et qui sont de nature à amoindrir la qualité des fourrages.

Le Pigeon comprend une foule de races de volière, d'agrément et de produit : Romains, de Montauban, Capucins, Boulants, Cravatés, Paons, etc., etc., qui se font remarquer et même médailler dans les expositions.

Le Jardin d'Acclimatation du Bois de Boulogne renferme une collection variée de toutes ces races toujours très recherchées des amateurs.

LE PIGEON VOYAGEUR

Mais le triomphe du Pigeon, ce qui a fait sa fortune, ce qui l'a fait placer au premier rang des oiseaux utiles et lui assure une brillante carrière, c'est le service des dépêches.

L'Administration de la Guerre, la première, a vu dans l'emploi du Pigeon comme préposé de son département, tout un progrès, et elle a mis à profit son expérience de migrateur, qui le rend apte à se diriger d'instinct comme s'il était une boussole vivante, et son organisation merveilleuse, qui lui permet de retrouver avec un flair infaillible, à travers les espaces sans limites, le chemin de sa demeure. La façon dont la dépêche est confiée au Pigeon est bien connue : le texte en est écrit sur un papier pelure d'oignon que l'on adapte adroitement à l'une des grosses plumes caudales. Un étui de plume sertit d'ailleurs la dépêche et une coulisse assure le serrage.

Lorsqu'on a lieu de craindre pour le messager les mauvaises rencontres, par exemple dans les endroits fréquentés par les oiseaux de proie, on lui adapte, au-dessus du croupion, un système très léger de tubes creux percés de trous comme les mirlitons, et où l'air en

Les pigeons au Jardin d'acclimatation du bois de Boulogne.

s'engouffrant, produit des sons destinés à effrayer les rapaces.

Pendant le siège de Paris, tout le monde sait que c'est le Pigeon qui fut chargé des communications entre la capitale et la province.

Depuis cette époque, l'étoile du Pigeon a vu son éclat grandir de jour en jour, et ce modeste oiseau est actuellement appelé à concourir, tout comme le plus noble des quadrupèdes, à la défense de son pays.

Il est l'objet d'un recensement. Tout particulier, faisant partie ou non d'une société colombophile est tenu d'indiquer à la mairie de son endroit, dans les huit jours qui suivent l'ouverture de son colombier, le nombre de ses Pigeons voyageurs, sous peine d'une forte amende; sous peine, de plus, d'être désigné comme suspect et traité en espion, parce que ses oiseaux, s'ils ont leur domicile en pays ennemi, peuvent très bien transmettre des dépêches compromettantes.

Les corps d'armée en marche pour les grandes manœuvres sont actuellement pourvus de voitures-colombiers auxquelles sont attachés un officier et des cavaliers colombophiles spécialement choisis pour ce service, et recrutant leurs messagers aériens à des colombiers militaires régionaux, établis au préalable à une distance rapprochée des armées qui doivent être en présence.

L'administration vient de mettre en adjudication la fourniture des grains nécessaires aux colombiers militaires de la chefferie de Paris, rive droite, pour les années 1891, 1892 et 1893. Le Pigeon est donc aujourd'hui absolument *enrégimenté* et fait partie de l'organisation militaire.

Malheur à lui, si pris du désir de la liberté il foule aux pieds les lois de la discipline, et si au lieu de porter la dépêche à destination, il prend la clef des champs. Il se met alors en état de désertion, et le moins qui puisse lui arriver est de se faire fusiller... par quelque braconnier de rencontre ou quelque chasseur peu scrupuleux.

— Ah vraiment, me direz-vous, le moins qui puisse lui arriver, mais alors que serait donc le plus?

— Votre objection me remet en mémoire le petit épisode que voici :

La scène se passait à Melun, et l'on conduisait au dernier supplice un malfaiteur nommé Martin, condamné à mort pour assassinat. Or, durant le trajet de la prison à la fatale machine, Martin, qu'on avait réveillé trop matin ce jour-là et qui n'était pas de bonne humeur, ne cessait d'invectiver les auteurs de la mésaventure : ces canailles de

Le Pigeon messager.

juges, ces idiots de jurés... etc., etc., toute une litanie. Il n'est que juste de rappeler que la chose se passait à Melun, une ville où les anguilles ont la réputation de crier avant qu'on les écorche. Or, sur le parcours se trouvait un brave bourgeois de la localité qui, pour consoler le patient, s'avisa de lui crier : « Allons, Martin; allons, mon ami, du calme, *n'aggravez pas votre affaire.* »

Pour notre pigeon déserteur, son affaire peut se trouver aggravée en ce sens qu'au lieu de passer de vie à trépas brusquement, par le fait d'un coup de fusil qu'il n'a pas vu venir, ce qui est une mort telle quelle, exempte des affres préliminaires, il a toutes les chances du monde, pour peu que sa fougue buissonnière se prolonge, de faire de mauvaises rencontres, de se faire pincer par un Émouchet, et après avoir passé par toutes les angoisses de la poursuite, d'assister à son propre dépeçage... de son vivant; ce qui, même pour un pigeon, doit être une chose infiniment désagréable.

TABLE DES MATIÈRES

ÉCHASSIERS

PALMIPÈDES

PASSEREAUX

GALLINACÉS

COLOMBIDÉS

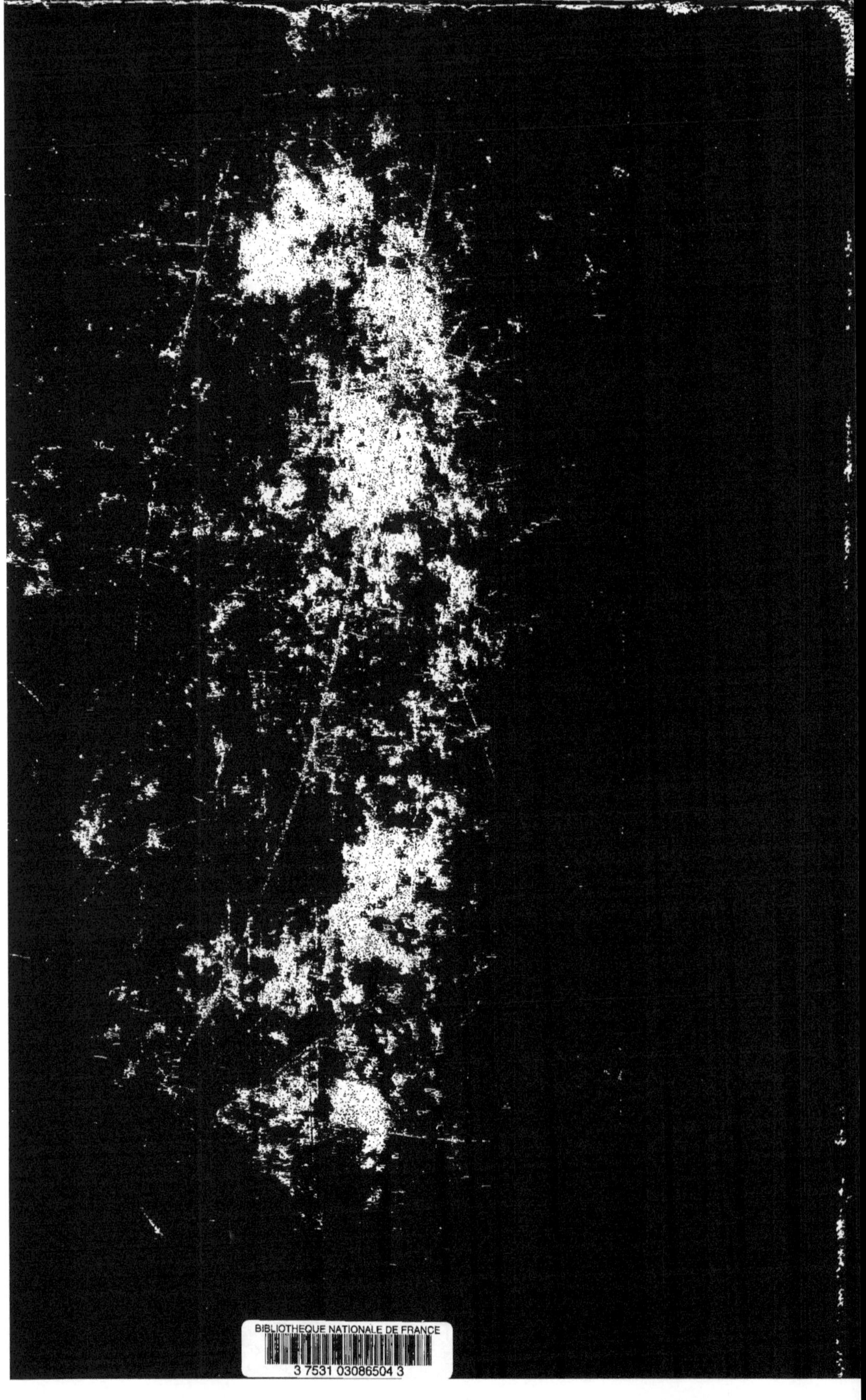

www.ingramcontent.com/pod-product-compliance
Ingram Content Group UK Ltd.
Pitfield, Milton Keynes, MK11 3LW, UK
UKHW020434200726
13857UKWH00002B/421